# 要忙，就忙得有意義

在時間永遠不夠、事情永遠做不完的年代
選擇忙什麼，比忙完所有事更重要

蘿拉．范德康——著
林力敏——譯

# OFF the CLOCK

Feel Less Busy While Getting More Done

Laura
Vanderkam

那天，帕利卡博士談到光線的速度，而我聽到「人生的速度」。他講起$E = mc^2$，我再次想著人生就這麼似箭飛逝，一日復一日，一季復一季，還真是瘋了。無論你是悲慘不已，還是欣喜若狂，一月仍復一月，如浪潮般湧來。無法從頭，無法復回，壞事接連發生。但我轉念一想：**等等，好事也接連發生，光一個吻就能讓時間慢下來。**

——卡蘿．韋斯頓（Carol Weston），

《人生的速度》（*Speed of Life*）

# 目錄

第2章 讓人生值得回味



第3章 別把時間表塞滿

目錄

## 第6章 放掉不切實際的期望

目錄

# 好評推薦

「想為人生琢磨出些火花，首先得釐清時間分配的輕重緩急意義，就如同羅拉在TED演講上說的：『時間是創造出的，而不是花盡心思去計算如何去節省。』生活是一門藝術，時間是工具，這藝術要怎麼呈現，端看如何使用工具。」

——貝姬Becky，部落客兼OUIFIE創辦人

「瞎忙不可怕，千萬別賣了時間又賣命！請減少無謂的小事，做好平衡工作與生活這檔事，享受真正的時間自由。」

——黃大塚，交易實戰家

「在這個注意力被嚴重瓜分的年代，很多人都渴望從忙碌的枷鎖中解放，但儘管學了一堆時間管理的技能，很多人還是在工作與生活的夾擊之下疲於奔命。很高興聽到《要忙，就忙得有意義》即將付梓出版，我認為這本書可以帶給大家嶄新的

思維，用更專注的方式來管理自己，以及更有餘裕地經營時間花園。」

——鄭緯筌，台灣電子商務創業聯誼會（TeSA）共同創辦人、內容駭客網站創辦人

「人有目標，才有策略；沒有目標，就沒有策略；目標不同，策略就不同。目標，你得自己想清楚，關於策略，本書提供你最佳解答。」

——謝文憲，知名講師、作家、主持人

「蘿拉・范德康精采道出，當前文化過度崇尚忙碌。妥善顧好工作和生活的訣竅是『把對的事做好』，至於其他事，就毅然拋開吧！」

——卡爾・紐波特（Cal Newport），《Deep Work深度工作力》（*Deep Work*）作者

「你每花一分鐘讀這本書，將來能賺回十分鐘。本書說明怎麼把時間用得更有意義，幫助我們找回許多浪費掉的時間，活出更好的人生。閱讀本書會是你為自己

所做最有價值的投資之一。」

——克里斯・貝利（Chris Bailey），《最有生產力的一年》（*The Productivity Project*）作者

「為什麼少數人明明沒有額外的第二十五小時，卻可以游刃有餘地做很多事？蘿拉・范德康知道答案，而且能教給你。如果你想做更多事情又不失閒適，花點時間讀這本書吧！」

——喬恩・阿考夫（Jon Acuff），《完成》（*FINISH*）作者

「談到時間管理與效能，蘿拉・范德康是享譽全球的專家。如果你常感覺太忙、累趴與過勞，這本書能改變你的人生。」

——朵利・克拉克（Dorie Clark），美國杜克大學商學院教授

## 前言
# 想無事一身輕，得靠你費心

「在我眼中，時間不過是個概念。」

——瑪莉．奧利佛（Mary Oliver），〈當死亡來臨〉（*When Death Comes*）作者

不久前某個七月的週五，我在緬因州巴爾港（Bar Harbor）小鎮的旅館房間醒來。我老公麥可原本週末要出差，而我打算跟去，所以我媽和阿姨過來幫忙看我們四個年幼的孩子。後來發現我老公不必去，所以我們抓住這個機會，在美國東北角阿卡迪亞國家公園（Acadia National Park）展開一次大人專屬的健行之旅。我從費城搭週四晚上末班飛機出發，半夜從班戈（Bangor）開車穿過暴風雨到海邊。麥可從西雅圖過來，預計隔天中午前後跟我會合。

所以，週五早上我是自己一個人。我漸漸清醒，穿上慢跑服到外頭看一看，那

是美好的夏日早晨，太陽重新升起，昨晚的大雨大霧已不見蹤跡。我朝大海的方向跑去，穿過巴爾港鎮區。小鎮正在醒來，餐廳飄出早餐的香味，我看見小船、常青樹和山丘，彷彿置身於美國童書作家羅勃·麥羅斯基（Robert McCloskey）的繪本《緬因的早晨》（*One Morning in Maine*）。微風吹過海浪，水氣輕輕飄來，七月的炎熱因此變涼幾分。我沿著細細的濱海小徑慢跑，到處是岩石與繁花，舒服到什麼也沒想，但有個熟悉的感覺忽然跳上心頭：「好，現在是幾點？我接下來必須做什麼？」

不過接下來沒有必須要做的事情，我很自由，想做什麼都行。我想起十七歲夏天在印第安納州九三三號公路上的法羅利餐廳打工，晚上工作做完就打卡，「無事一身輕」（off the clock）。

那種擁有自由時間的感覺很神奇。而且對多數人來說，這既稀罕又短暫。雖然後來我的工作都比那年領時薪四·九美元的夏天輕鬆容易許多，但其他責任林林總總加在一起（像是我來緬因州所想逃開的責任），過去幾年，我感到全然自由的時間根本寥寥可數。在日記上我寫到這樣的一天，當時我安排了一趟聖地牙哥之旅。

> 我沒有特別深入思考什麼……就只是一直盯著大海，讀讀書，想想事情，還有走兩萬步。不匆忙的感覺很好，沒有時鐘在身後滴滴答答，沒有人在等我回覆，可以靜靜地欣賞日落。我想最困難的地方是有了孩子，時時刻刻得為時間負責。

所有忙碌的人都會心有戚戚焉，像我就是。我先生和我的工作都需要顧客戶和出差。就在寫這本書的此刻，我的四個孩子傑斯柏、山姆、盧絲和艾力克斯都不到十歲。事情出奇地多，我當然需要知道各個時間要幹麼，加上本身又靠寫書和演講時間管理為業，有必要以身作則，比多數人更得跟複雜情緒奮戰。

「無事一身輕」的感覺真的超級開心，是快樂的一大關鍵。然而人生是用時間來過的，過好人生有賴於善加管理時間，管理時間通常有賴於留意時間，我在緬因州的自由時間，需要靠張羅班機、租車和孩子的托育來獲得；在聖地牙哥的自由時間也一樣得費心張羅，並且要花功夫來到美麗的海邊，而不只是在社群媒體上眼巴巴看別人去美麗的海邊。況且接下來還有案子尚未塵埃落定，我們「寶貴的狂亂人生」——出自詩人瑪莉・奧利佛（Mary Oliver）之語——往往迷失於各種事務，通勤令人隱隱焦躁，開會漫無目的，甚至還有頭腦記都沒記住的瑣事，想要放鬆談何容易？

所以我們面臨兩難：無事一身輕是有自由時間，但自由時間有賴於時間紀律。你一定得知道接下來要做什麼，才能超脫無止無休的滴答聲。

你可以沉浸於這類矛盾的哲學思索，也許要在海邊跑幾公里，好好想個明白，但我相信某方面來說，當我們從更宏觀、有智慧的角度來看，兩個相反的概念能同時成立，關鍵是找對高處，看遍全局。

本書正是談論如何找到那個高處，了解時間自由，並且建立新心態。一邊是知道我們怎麼使用時間，另一邊是超脫對分分秒秒的執迷，兩者之間永遠有緊繃與焦灼，但不代表無法同時做到。善用時間有賴於明白一件事：「時間寶貴，而且很多。」**時間確實有限，因此我們務必用得聰明；但時間也很多，足夠去做真正重要的事。**

## 如何忙得不匆忙又輕鬆？

談到現代生活，多數討論都以這種矛盾的上半部分為前提。週一早上你問同事：「週末過得如何？」答案永遠是：「很忙。」

在多數現代生活裡，我們全部渴望能有多點時間，不過如果仔細近看，會發現所謂「全部」是言過其實。某個週日早上我去健身房（這是利用載山姆去摔角比賽做團隊暖身，到第一場比賽開始前的空檔），我在更衣室看到幾個游完泳的老太太，然後上跑步機跑了五公里，回到更衣室時發現她們還在那裡。為什麼呢？因為她們很享受彼此的陪伴，沒什麼好急的。

蓋洛普公司（Gallup）常做時間壓力的民調，[1] 其二〇一五年的民調指出，受雇者遠遠比較容易自稱沒時間做想做的事（六一%），退休人員之類沒在工作的人比較不會這樣自稱（三二%）；家裡有小孩的人比較覺得有時間壓力（六一%），家裡沒小孩的人比較不會這麼覺得（四二%）。

根據這民調數據，想有很多時間的祕訣似乎很簡單：不要有工作，不要有家庭；問題是這有明顯缺點，而且太過簡化狀況了。如果十個有工作或小孩的人裡面，有六個人感覺很忙，這表示另外四個人有時間做自己想做的事。

這些年我研究時間規畫，遇到很多乍看忙碌的人屬於後者，他們雖然事情無比繁多，卻顯得……很放鬆。我清楚記得與一位高階主管的談話，那時是想詢問她如何達到驚人的效率，在打電話給她時特別保證不會占用很多時間，她卻笑著回答：「喔，我時間多得不得了！」

這當然不是真的，她的意思是選擇跟我聊，並把時間安排得井井有條，可以專心做好自認值得的事，其他事先等一等沒關係，不必太過匆忙。無論我急著想問什麼，她都很放鬆。沒錯，她之所以能這樣，是因為背後有一套系統在支持，包括聘請助理幫忙打理臨時事項。但後來我碰到更多像她這樣的人，明白他們不是因為能讓別人等待才氣定神閒。若他們不希望行事曆上有很多事情，行事曆就還算空。

我們都碰過某一類人也有這種態度。他們似乎不像常人那樣被時間限制住，事業有聲有色，享受天倫之樂，朋友歡度時光，幾乎天天運動，擔任義工，還有時間讀書——不像其他人總嚷著日子忙得沒空讀。

這種平靜令人羨慕，這種態度令我好奇。到底過得輕鬆的大忙人是如何規畫時間？他們有哪些習慣？他們做出哪些選擇？

## 時間充足的人都是生活的主人

我喜歡聽人談自己怎麼規畫時間，也愛研究數據，因此在二〇一七年決定針對各項問題有系統地找出答案。我找了九百多個人，每個人都同時符合那份蓋洛普調查的兩個忙人類別：有在工作賺錢（每週工時超過三十小時），而且家中有十八歲以下的小孩。

三月二十八日，我詢問他們有關生活的問題：通勤、運動習慣、週末晚上睡前做什麼等。接著我要他們回想前一天，也就是二〇一七年三月二十七日（週一）每個小時在做什麼。最後我提出一些問題，請他們評估週一在時間方面的感覺，還有整體在時間方面的感覺，回答對題目陳述的同意或不同意程度，例如「一般來說，我感覺有足夠時間做想做的事」和「昨天我大致覺得專注於當下而非經常分心」之類的問題。

根據每個人對十三個問題的答案，以此得出一個「時間感受分數」，每題都是以一到七分回答，一分是「非常不同意」，七分是「非常同意」。我的研究人員依照關鍵字分析前面階段的回答，接著檢視時間感受分數高者（屬於前二〇％）與時間感受分數低者（屬於後二〇％），並比較雙方的差異。此外，我們也檢視了極端族群（前三%與後三%）的回答。

大家的答案很有意思。二〇一七年三月二十七日（週一）對大家來說都是二十四小時，每個人的感受卻截然不同。有趣的是，所有人對「昨天」的感受較好，而對整體時間的感受較差。這結果符合其他時間日記研究[2]的發現：跟心中的印象相比，大家感覺「昨天」工作得比較少，睡得比較多，有更多閒暇時間。

不過我們還從大家的回答裡發現某些關鍵要點，看起來甚至是違反直覺。我認為這些要點相當重要，適用於想感覺比較不忙，卻能做好更多事的人，包含家中沒小孩但有很多其他要緊事的人。

首先，自認時間足夠的人都非常注意時間。他們知道接下來要做什麼，自認為是生活的主人，預先為每天和每週做好規畫，而且經常會深思，檢視哪些做法行得通，哪些行不通。

他們在生活裡加進冒險，連再平凡不過的三月週一也是如此。他們明白精采的事情會讓時間在當下延長，更在回憶中延長。

他們不做當下不該做的事，包括自我加諸的行為，例如：時時刻刻查看訊息，那是沒必要的時間殺手。事實上，這次調查有一大發現，就是在每小時查看手機的預估次數上，時間壓力小者和時間壓力大者有顯著差異。

自認時間足夠的人，知道如何逗留於自認值得的時刻，若當下值得延長，就好好地將它延長。

他們把資源花在讓自己盡量過得快樂。不快樂的事情在所難免，但他們設法處理，甚至甘之如飴。

他們不求完美，不求一下子得到顯著成果，而是認為夠好就是夠好，一步一步足以聚沙成塔。

最後，他們很看重把時間花在人身上，知道這是一種很好的使用時間方式。我發現跟三月週一看電視的人相比，選擇好好和家人與朋友相處的人，更可能覺得時間夠，有辦法做想做的事。

這本書將會探究如何建立起某些日常技巧，得以讓你感到沒那麼忙碌，卻能夠完成更多事情。

這些策略有助於任何人獲得時間自由。如果你覺得掌控不了生活，它們將助你一臂之力；如果你自覺已經把時間運用得滿好的，想進一步提升事業、人際和快樂，它們也可以助你一臂之力。本書被歸類在自我成長，但多數讀者生活其實已經很不錯。他們的人生不賴，所以拿起時間管理的書來讀，讀了之後發現還有些地方可以更不賴。

人生有更多我們還沒想到的可能性，我們可以活得更圓滿與平靜。多數人想從每小時裡得到更多快樂的原因很簡單：人生是由一個個小時所組成，就像二〇一七年三月二十七日所記錄的每個小時。我們這一生過得如何，取決於怎麼過這些小時，是否把它們運用得淋漓盡致。

## 時間流逝會依情況有不同步調

這讓我們回到善用時間的核心矛盾：時間怎麼能既寶貴又很多？我想這種矛盾來自於兩個形容都是正面字眼，如果改成負面字眼——稀少和冗長，則會看見令人懊悔的一個簡單事實：我們倒數著時間，知道時日像沙漏裡的沙不斷流逝。

一天很長，但一年很短。我們從所有自傳的生卒年都能看出生命有限。二〇一七年四月十五日，一位名叫艾瑪．莫拉諾（Emma Morano）的義大利女子與世長辭。[3]她生於一八九九年十一月二十九日，是目前已知最後一位出生於一八〇〇年代的人瑞，十九世紀並非遠古時代，當時的大小事件仍影響今日，但一切僅剩下記憶，現在已沒有半個活人親身經歷過那年代。

《聖經．詩篇》中詩人說：「指教我們怎樣數算自己的日子，好叫我們得著智慧的心。」最近我喜歡三更半夜算著自己的日子。根據美國疾病管制與預防中心的數據，[4]像我這樣出生於一九七八年的女性，出生之際的預期壽命是七十八歲。連同閏年在內，我這一生總共有六十八萬三千七百六十小時。就在我寫這段文字之際，三十八歲生日剛過，剛好處在很關鍵的時間點。將近一半的人生過去了，剩下三十五萬零六百四十小時。這個預期壽命也反映了兒童與青少年的早夭，而我躲過此劫。如果能活到六十五歲，預期壽命會是八十三．四歲，再多出四萬七千三百二十八小時。相加起來，我大概還能再活四十萬小時。

這乍看之下很多，卻是大致的總時數，如果以我們好懂的時間去除，會讓人清醒一些。八小時睡眠是我剩餘人生的五萬分之一，每週四十小時的工時是我剩餘人生的一萬分之一。後面會討論到我每週以表格記錄時間，每週開一個新檔案，如果繼續這個習慣，總共還有約兩千三百八十一個新檔案。如果我活到八十三．四歲，則可以再看春暖花開四十五次，第四十五次花開之後離世。

中世紀僧侶稱計算餘命的領悟為「勿忘你終有一死」。然而當我試圖回想過去幾次木蘭花和李花盛開之間曾發生過哪些事，卻覺得連近年的花開都像好久好久以前的事。在我寫下這段文字的四個春天前，從沒想過會迎接第四個孩子，但現在我心想：「在艾力克斯出生前，我做過什麼嗎？」

這是時間感的本質，它一點也不簡單、直接。急診室的一夜似乎永無止境，醫院時鐘的秒針感覺靜止不動。另一方面，鄉村歌曲告訴大家「可別眨眼」，深怕我們任幾十年光陰在彈指間流逝。

當我們觀看一段長長的時間，就會產生扭曲。前幾天，電台播放的一首歌讓我想起一九九六年春天，那年我十七歲。我想著那年到此刻相隔了二十一年，可以拆成三個七年，分別由影響我現在人生的幾件大事標記。我在二〇〇三年初遇見我先生，在二〇一〇年出版第一本談時間管理的書、然而現在來看，一九九六至二〇〇三年的歲月，感覺比二〇〇三至二〇一〇年的歲月來得長——至少在我用舊行事曆回憶當年前是這樣。然而當我看了舊行事曆後，這些年開始變長，我想起長長的遠行，憶起費時寫成卻幾乎沒人讀的書，想起孕期感覺非常久。我原本會標記每週的流逝，但在孩子們出生後不再留意。時間變慢，然後變快。

如果時間的流逝似乎會依情況有不同步調，那就出現一個有意思的問題：我們是否能以不同方式與時間互動，改變自己對時間的感覺？我們能否運用某些訣竅，讓好時刻流逝得跟爛時刻一樣慢？

我確實認為有可能——至少在某種程度上可能。這本書有一部分談論我如何嘗試活得更豐盛、圓滿；怎麼讓人人口中如白駒過隙的短暫光陰更像精緻織錦，而非光滑地面；怎樣在人生關鍵時刻停留久一點；在人生裡多找出些空間；盡量把從沙漏這端到另一端的四十萬小時用得淋漓盡致。

## 「使命感」讓人有更多時間

人生很複雜，所以「無事一身輕」和「經歷時間自由」也是很複雜的概念。本書探索很多運用時間的技巧，以及避免時間無情流逝的方法。有時無事一身輕可以指身上毫無半點責任，就像我在緬因州的那個早晨。這是善用時間的好方法，尤其你的生活若有很多必做事項，更該用這種定義。一個人要是成天都太早起床，通勤得太遠，自由時間剩太少，大概會以傳統定義看待無事一身輕，也就是「沒在工作」。

但我研究過許多自認時間很多的人，發覺他們即使在領錢工作的期間，也能感受到「無事一身輕」。當你全神貫注想要解開一個有意思的問題，可能完全不再意識到時間，跟老友一起享用晚餐也有異曲同工之妙。當我們安排與老友晚餐，就會明白雖然沒責任在身可以感到放鬆（像我在緬因州的那早晨就是例子），但**有時有做計畫比沒計畫更能讓自己放鬆**。如果想跟朋友一起喝酒，需要邀他們來，也需要留意時間，不過有他們同在，可是會讓我們愉快得多，也更可能感覺時間很多。如果我們跟多數人一樣，在那一夜選擇看電視或滑手機，往往會有點焦躁不安。

有時「使命感」確實讓我們有更多時間。在某個極有名的社會科學實驗中，[5]收到植物要照顧的養老院老人活得更長，健康也更好，勝過沒有照顧植物的其他老人。健康與長壽代表你可以自由去做原本不能做的事。其他責任也有這種現象，穩固的婚姻滿足了許多情緒需求，讓人感覺能自由在外頭世界大膽冒險。如果你選擇生兒育女，肯定會有一大堆工作要做，但育兒的高強度情緒會讓時間慢下來。

這聽起來也許像是另一個矛盾：自由不表示毫無責任在身，但我認為不妨可以看成自由有很多面向。想了解自由，得從更宏觀的高度來看。有些自由來自於遠離不想做的事，有些自由則來自於做想做的事，正確的平衡在於了解：何時使命感是負擔？何時使命感是益處？

在我的定義裡，時間自由說到底可以是「沒有立即責任的美好時刻」，就像緬因州的那個早晨，也可以是「選擇想負責任的美好時刻」，包括以計畫的形式放眼未來，打造一個充滿意義的人生，一個感覺時間很充足的人生。這是全然追求某些使命感，讓它變為自我認同的來源。關心社區很抽象，但照料社區花園是運用時間的明證。這些選擇來自於使命感，也讓時間被拉長，原因是當你選擇做這些事情，那麼在你心中，自己就變成「有時間」做這些事的人。有錢人會把資金配置給不同投資，你也是依照想獲得的報酬在配置時間資源。

在這本書中，我會談到從那個時間日記實驗發現看似直接的關連（例如：自認時間較多的人，花較多的時間在冥想、祈禱或寫日記等深思型活動；自認時間較少的人則否），但其實背後因果沒那麼直觀。並非有較多自由時間的人都有空深思，其實是時間感受分數較低的人，花更多時間在社群媒體和電視，超過得分較高的人。正確來說，一個人是把時間花在深思上，然後覺得自己有更多時間。

時間就像液體，種種配置也許需要做不同改變，但你能以自己的方式花時間，一切操之在己。時間不是讓人懼怕的東西——一種穩穩朝向毀滅的咚咚鼓聲，它不過是想法，可以研究與操控，像是藝術家所善用的素材。一旦你對自由抱持這種態度，就能夠隨心所欲，想讓時間拉長就拉長，想讓時間自由就自由，讓各個事項都契合生活，超乎多數人的想像，甚至讓每時每刻充實到彷彿靜止。

## 高效人士如何避免時間壓力，並善用時間？

本書談論活得充實的人與自覺時間很多的人，了解他們如何安排以避免時間壓力，如何感覺把時間用得很好。

我會分享各種訣竅，希望可以幫到一直覺得進度落後的人，覺得被迫忙得團團轉的人。我也希望能激勵大家進一步思考有關生命意義或人生目標的大問題，雖然時間管理本身並不像是這麼重大的主題，很容易讓人陷入自己的想法之中，並因此變得小鼻子小眼睛。我們置身於淒冷的宇宙中，在這顆兀自旋轉的星球上，新聞頻頻播報暴力衝突、天災人禍，許多人因此喪失生命，而我們卻在這裡討論怎麼把會議從六十分鐘縮短為四十五分鐘。相信自己能管好時間是一種特權，而「特權」常會引起爭辯（當然，我懷疑擁護時間管理的人比批評者更會爭辯）。這樣說好了，如果你有時間讀一本談論現代人其實沒自己認為的那麼忙的書，還有時間反駁說你真的很忙，那麼你大概也還沒忙到完全沒時間吧！

我認為，多數人都想盡力善用自己擁有的時間。學著以自己的方式善用時間是一個持續的過程，我也不例外。我不是典型的自我成長書作者，沒有因為身處人生谷底而大澈大悟，忽然明白該如何拯救自己與他人。我的經歷沒有那麼波瀾萬丈，只是把自己當成學生，喜愛研究數據、質疑假設，並探究人生每個層面或好或壞的前因後果，期許讓明天比今天更好。

有些日子我看不到進步，在許多方面都失敗。我出門後事情就一團糟，快趕不及去機場，簡直要抓狂。不然就是糟蹋了美好的春天下午，把時間浪費在滑一篇文章的各個評論——但這根本從一開始就不值得讀。

不過有些日子還不錯。我把時間規畫好，可以有個早晨在巴爾港看一看船，跑一跑步，忽然腦中想到一個片語，再由片語轉變為一本書的點子。寫這本書是個要花很多時間的使命，但我時間花得很開心，時常感覺了無牽掛。時間雖然流逝，但並不匆匆，像是緬因州的海浪：平靜、安穩、祥和。

## 讓「時間多得不得了」的七祕訣

1. 照料時間花園
2. 讓人生值得回味
3. 別把時間表塞滿
4. 悠遊，讓生活不匆忙
5. 以三種資源投資快樂
6. 放掉不切實際的期望
7. 把時間花在別人身上

第 1 章

# 照料時間花園

專注給你時間，時間給你選擇，善加選擇則有自由。

——德寶法師（Bhante Henepola Gunaratana），

《進入禪定的第一堂課》（*Beyond Mindfulness in Plain English*）

# 分析自己的時間運用，提升生活效率

庫夫曼當了二十一年校長，發現有個道理不僅能用在教育上，也適用於任何需要良心的辛苦領域。他認為很多人常常累壞了，由於校長是個職務「不清」的工作，需要「即興發揮」，新手校長總會覺得必須處理眼前的狀況。但問題在於，在一整天處理完各種狀況後，發覺忘了回覆一位想重教學生某個困難數學概念的老師。急迫的事常凌駕於重要的事，結果就是沒去做重要的事。

庫夫曼有二十年歷練，自認效率在平均之上。但二〇一六年當上法明頓山市山坡小學的校長後，他明白自己面對了新的挑戰。這所學校有太多學生需要加強英文，庫夫曼希望有時間支持最好的老師，教導需要協助的老師，還想專注於提升學生表現，並不至於因校車誤點或水管破損等雜事分神。

為此，庫夫曼在二〇一六年下旬參加了「校長山姆專業創新計畫」。該計畫旨在協助校長提升專業能力，核心概念是校長的時間特別寶貴。若說老師能影響班上二十五個學生，校長則可以影響全校，但前提在於知道怎麼使用自己的時間，才能妥善規畫，想出如何把時間用在自己最擅長的事上。當然後續還有一項困難工作，那就是每天追蹤，檢視自己是否有好好實行理想的目標。

庫夫曼自稱是「數據白癡」，並希望能得到這資訊。當他去校長山姆專業創新計畫總部進行初步了解後，一位黑衣人出現在山坡小學，週一到週五都跟著庫夫曼，觀察他如何處理校務，並以每五分鐘為單位鉅細靡遺記錄下來——包括喝水、吃點心等休息空檔。記錄員會跟著去學校餐廳，去開會，有些老師想留下好印象，拿很多事來找庫夫曼處理，他也在旁一一記錄。雖然庫夫曼有先跟教職員提過，但他們仍對整個流程好奇無比，有些人想請這位神祕記錄員一起聊聊，通常徒勞無功（他的職責是做好旁觀者）。

不久後，庫夫曼收到了數據，得知自己把三九．二%的時間花在「指導型帶領」，這是指教師與課程管理，通常是校長最有價值的時間利用方式。一般校長平均花費約三〇%的時間在這裡，庫夫曼的表現已優於平均，但還不夠滿意。無論我們是否留意自己如何運用時間，時間都會一分一秒流逝，對小學校長來說也是如此。若庫夫曼沒有特別注意，他的時間很容易被其他雜事占掉，例如：別人能代勞的文書作業、時常回信，以及花太多時間巡視餐廳。

於是庫夫曼像景觀設計師看著空地一般，思考自己希望的時間是什麼樣子，並因此想出不少能多待在教室的方法。他設計出「教學禮拜二」，以那天指導老師如何教學。多數方法管用，少數方法失敗，不過每次都是一個學習經驗。他也指定幾個時段來給老師正面回饋。他坦承：「我不是很會給正面回饋的人。他們開玩笑地說，如果我說『不錯』，意思其實是『很好』。」但對於好表現的讚美的確很能鼓舞士氣。

在校長山姆專業創新計畫的指導下，庫夫曼設法每天騰出三十分鐘用於私人事務，例如：跟醫生掛號、打電話約住家維修的日子。他發現如果不指定一個時段，這些事務會被打散在其他時間裡，結果不是干擾到其他目標，就是被自己給忽略，因此造成工作與生活上的壓力（他原本只花一．四%的時間在所謂的「私人事務」，包括上廁所）。他也試著不為每分每秒都做好安排：「行事曆上需要留一些空白。有什麼事冒出來，就讓它冒出來吧！」

這些方法都很讚，不過在行事曆上留二十分鐘給某個老師正面回饋，這固然是好事，重點是要真的付諸實行。天有不測風雲，突發狀況總會出現，可是如果警報是在給回饋的那二十分鐘響起，並不會改變原本事情的重要性。善用時間意謂著把回饋調到之前為因應突發狀況所預留的時間。

在記錄員替庫夫曼記下時間用法後的六個月期間，他每天要跟一位被指派為「學校管理經理」的教職員會面（也就是這計畫裡的「山姆」）。他們一同檢視時間是否確實照計畫使用，如果前一天沒按計畫實行，則會設法了解原因，也會分析他為何沒去做某些只有自己能做的事。庫夫曼說：「我認為校長山姆專業創新計畫最好的一點在於，校長要為自己的時間負責。」而他的「山姆」一直要求在行程表上撥出時間去協助非常需要指導的老師，他們都同意這是當務之急，所以刻意排定更多時間。山姆也會提醒他不要做別人能代勞的事，例如：巡視餐廳。他們想出誰可以當「回覆代理人」，當家長為不需校方高層處理的事情來電時，由回覆代理人負責處理。庫夫曼說：「我在參加這計畫之前，簡直事必躬親。但是我無法事必躬親，也不該事必躬親。」

庫夫曼的成果很不錯，在二〇一六年到二〇一七年該學期的末尾，校長山姆專業創新計畫再次派員記錄他的時間運用，發現他把五一%的時間用在「指導型帶領」，這等於在過去一百個上課日裡，額外多出十二天用在重要事項上。老師們說庫夫曼提升了大家的教學狀況；學生們在全州數學測驗考到「精通」標準的比率增加了四．二%；閱讀測驗的表現同樣進步顯著。

這些都不容易，畢竟隨時留意時間比漠不關心來得困難，而且永無完成的一日。各種習慣（像是「教學禮拜二」）有助於自動做出好決定，但永遠需要調整。當有六名資深老師離職，校長就得花時間注意新老師的狀況。學校的日程安排會變，學生組成會變，所以確實有必要持續評估。

不過這份努力和紀律還能讓人意外頓悟。湯姆斯是希爾斯堡郡瑞迪克小學的校長，該校學生大多家境不好，他也找校長山姆專業創新計畫分析自己的時間運用，並發現：「這讓我的人生全面升級，而且在學校更有效率。」他大幅增加用在指導型帶領的時間，如今多半在下午四點半就離開學校，而且心裡知道自己做了些什麼。他知道明天有安排時間與一個擔心班上秩序的老師商談，因此能用放鬆的心情跟家人相處，可以好好上健身房。他安排每天的時間該怎麼花，然後知道實際上是怎麼花，於是清楚了解到：「我們真的做了很多事。你能確定你在做很好的事。」

## 管理時間就像園藝設計

每個人都有執迷的事物。既然你已經讀了本書好幾千字，大概能猜到我很執迷於時間，以及我們怎麼使用時間（包括我個人怎麼使用時間）。我記得自己為了寫這章的開場故事，在二〇一七年七月十四日週五下午一點至一點半跟庫夫曼訪談。那天我在早上六點四十五分起床，花四十五分鐘處理學校資料，傍晚花三十分鐘確認堆積如山的信件裡沒有藏著帳單。我記得在七月二十一日週五上午九點半跟湯姆斯訪談，在那之前花了三十分鐘練習隔週要在華盛頓特區對實習生做的演講，下午則跟本書的編輯通電話（雖然是談另一個計畫），晚上六點十五分至八點半則是去紅花鐵板燒，享用「大孩子專屬」的美食之旅，來回的交通時間包括在內。

我會知道這些事情，不是因為有能力記得生活中的所有瑣事，而是跟庫夫曼和湯姆斯一樣，仔細記錄自己的時間，並已經記了很多年。起先，我只是想知道自己時間是用在哪裡，可以分享在部落格上。

然而隨著時間過去，這項「專注」實驗的意義開始遠多過於此。我發覺**每一天留意各項時間，會改變自己對時間的感受，並且帶來了更有滋有味的生活**。知名景觀設計師貝翠絲．法蘭（Beatrix Farrand）曾從另一面說園藝：[1]「這是苦工——很辛苦，不過也充滿了快樂。」

其實時間就像法蘭的專業——花園。我每天從工作室窗戶往外看到的花園，三月是水仙，到了秋天是紫菀。那是我家的花園，所以我懂法蘭所說的「苦工」是什麼意思。我看過我先生除草、澆水，以及把被害蟲弄死的植物換掉，每個週末都在修剪玫瑰或栽種菊花什麼的。他很樂在其中，所以從不外包（喔，因為鋸樹出意外，被送進急診室那次例外）。種花的人都必須接受這一點：園藝不是一次弄完就沒事了。你規畫，你苦惱，你發現最粗勇的樹都有脆弱的那一面。二〇一七年上旬，有幾個溫暖的二月天，木蘭花開始冒出花苞。後來三月颳了一場暴風雪，可愛的小棉花糖花苞從此沒有綻放。不過如此盯著花園與遭受挫折，還是會換來美好時刻。一個夏夜裡，我坐在屋後的門廊，凝望美麗的長春花，不禁讚嘆：「美啊！」

管理時間也是一樣。種花的人必須了解他的花園，必須知道自己想要的樣子，然後每天照料，因此換來花園與人生的美麗。冥想導師德寶法師在其著作《進入禪定的第一堂課》中寫道：「**專注給你時間，時間給你選擇，善加選擇則有自由。**」

我知道自己的時間用在哪裡，選擇像園丁照顧花園一般做好時間規畫，而這改變了我的人生；同樣的選擇也改變山丘小學和瑞迪克小學師生們的人生。我覺得自己好像有了更多時間，行程表意外地有空間。我相信它也能讓你的人生更輕鬆。

本章會談論如何達到這種自由，並且會探討如何以出色的專注技巧，幫助你能感覺無事一身輕。

## 做自己的時間紀錄員，找出時間盲點

不過還是先回到我的故事，關於我怎麼記錄七月與兩位校長的訪談，以及巴爾港鎮之旅。由於某些事情的緣故，我在二〇一五年四月決定當自己的記錄員，以每半小時做為記錄單位。這些年來我為了許多專案，叫數百人記錄他們的時間，而自己也前前後後記了好幾週。我生性喜歡懷疑，一直著迷於這些紀錄所反映出的時間盲點。我們自認如何使用時間是一回事，實際怎麼使用是另一回事，而這兩者可能天差地別。有些人自稱毫無空閒時間，卻對美劇《宅男行不行》（*The Big Bang Theory*）最新劇情如數家珍。或者——連我自己提起都很心虛——我們感覺花很多小時把碗盤從洗碗機裡拿出來，但其實每週只拿四次，每次只花五分鐘。

我不認為自己有很多的大盲點，但好奇我是怎麼用時間。當時我已經很久沒寫日記了，並在那個四月相當懷疑接下來幾年會是人生的分水嶺。二〇一四年五月中，傑斯柏剛過完七歲生日不久，某天早上，我醒來時感到一陣熟悉的反胃。驗了孕並看了醫生，確定懷上第四個孩子。

艾力克斯在二〇一五年一月出生。雖然從三個孩子到四個孩子不像從沒有孩子到一個孩子那麼震撼，但新生兒總會帶來挑戰，而且同時照顧新生兒加七歲、五歲和三歲的孩子，著實考驗我的時間安排能力。差不多那時候，我在事業上有了令人興奮的轉折，談職業婦女如何善用時間的新書《我懂她是怎麼辦到的》（*I Know How She Does It*）將在二〇一五年六月出版，下一年的演講邀約也逐漸排滿。在與觀眾大談時間管理之際，我想確切地知道自己做得好不好。

第四個孩子出生三個月後，我完全回到工作崗位，並在二〇一五年四月二十日建立了一個新的試算表檔案，縱軸從凌晨五點到凌晨四點半，最上面是星期。第一個醒來的紀錄上面沒有多大間隔，那天我五點半起床餵艾力克斯，整天下來又餵了五次，第六次是用奶瓶；我帶傑斯柏去公車站牌；我跟出版社的行銷團隊開了電話會議；晚上艾力克斯在睡覺，我坐在外頭欣賞春日的繁花。隔天，我陪山姆去博物館校外教學，接著為公事搭火車去紐約。晚上十點半回家後有跟老公閒聊，十一點半上床睡覺。隔天清晨五點四十五分起床，展開新的一天。

我很快就找到了記錄的節奏。每個週一早上，我會填完週日的紀錄，把整週的紀錄歸檔，然後打開新試算表，每隔幾小時記錄一次。在工作日做記錄很簡單，因為我就坐在電腦前面；週末則需要多次回工作室做記錄，讓我覺得不太理想，所以決定試著記住自己做了什麼，需要時寫在紙上，沒多久就能還算準確地重建二十四小時。我可以接受只用大分類來記，半小時的「工作」可以涵蓋很多案子，這種概略記法很省時，每天只要花三分鐘左右就能完成記錄。雖然這樣每週會花二十一分鐘，一年略多於十八小時，但大概跟每年刷牙的總時數差不多，而把時間花在刷牙這類事上，並沒有什麼好質疑的。

從夏天、秋天、冬天到春天，我持續記錄下去。紀錄裡，有我們花十一小時開車到印第安納州的沙丘園區，結果有隻野貓溜進我們租的度假小屋，跳到艾力克斯的嬰兒床裡，貓和他都嚇得哇哇大叫，我們氣得追逐抓牠。紀錄裡，也有我花很多時間擠母乳，還有芝加哥、倫敦和奧蘭多之行。我記下自己開車載傑斯柏去練游泳，還有把山姆從樂高俱樂部載回家。為防止你好奇，沒錯，夫妻親密活動也有記下來，但寫得很委婉，這樣把紀錄印出來才能隨便擺，不怕老公和好奇寶寶們闖進我的工作室。

四月中旬再度到來，這是個常會肚子痛與要洗很多衣服的時節。我在自己的網誌（LauraVanderkam.com）上說，不久後會把整份時間紀錄貼出來，想說有興趣的人就去讀個別的更新。沒想到某晚我們一家在芝加哥厚披薩餐廳候位之際，我查看電子信箱時發現《紐約時報》的編輯來信，問我是否有興趣寫一篇記錄時間的文章。我大概想了十五秒才回信，想到讀者人數將從原本只是網路的一小群，變得遠比現在多出許多，深深覺得應該把整份紀錄弄得更好才行。

接下來的兩週，我跟一大堆試算表紀錄奮戰，裡面記的總時數原本應該是八千七百六十小時，但碰到閏年所以是八千七百八十四小時。由於我最在意數據，所以第一步就是把資料從頭做計算，再來進入分析階段，結果卻有很多出乎意料的發現。

五月中旬，我的文章在週日評論版刊出，標題是〈大忙人的謊言〉。沒錯，經過仔細檢視後，原來我一直以來也跟自己說了很多謊，連我都在騙自己。不過真相最終令人獲得解放，我因此問自己想要怎樣的生活，能對日常生活做出什麼改變。這讓我感覺時間比原先預想的更多。

## 記錄時間才不會自我欺騙

我的第一個謊言格外地糟。我在演講時喜歡提一個研究數據：自稱每週工作七十五小時以上的人，平均高估了二十五小時，[2]並提到有位小夥子告訴我，他一週工作一百八十小時，這可真厲害，明明一週總共只有一百六十八小時而已！這些年我所追蹤的週次裡，每週工時都在五十小時左右，於是我認為這就是自己的工作時數，並且心想：「跟別人不同，我沒有誇大。」

然而當我追蹤一整年，就發現之前根本是記錄特定的週次，也就是工作五十小時的週次，因為我希望自己是一週工作五十小時的那種人。

但每週都記錄就無法這樣大小眼。我發現就算扣掉假期，那一年我每週平均只工作四十小時。四十跟五十大不相同，而我心目中的工時比實際上多了十小時。當然，有些週我確實工作五十小時，有些週甚至工作六十小時。由於我認為一個認真的專業人士工時一定很長，也很想相信自己就是這種工時很長的專業人士，結果就跟其他人一樣自欺，把工時特別長的幾週當作慣例，其他週則當成特例略過不記，其實那些週可不是特例。

當然，如果我其實每週只工作四十小時而非五十小時，就浮現一個問題：「那十小時到哪去了？」我從研究別人的時間紀錄得知，跑去各式各樣的地方：工作交接沒效率、為了等某個事項停止或開始而慢慢摸，還有上網混時間。

就我個人來說，小孩占用了很多時間。不過出乎意料的是，我每週只花九小時做家事和雜務，低於有六歲以下孩子職業婦女的平均時數（美國時間使用調查報告指出，家事和雜務平均時間是每週十八小時），[3]但我認為還能更低。而每週花費超過七小時在車上，這點讓我很吃驚，畢竟我在家工作，不用通勤，所以「在車內的時間」不該是多耗時的項目才對，但是開車送小孩、赴約、去機場和處理雜務等事項加總起來，我在車內的時間赫然多於閱讀和運動。另一個意外的發現是：我原本決心要在車上聽經典樂曲，但車上的CD播放機多數時間是壞的。這代表我週復一週把寶貴時間用在聽天狼星衛星廣播電台的節目，難怪我很熟創作歌手安迪．格拉默爾（Andy Grammer）的一堆歌曲。

我一年運動了兩百三十三小時，每週約四．四小時。雖然我有為三場半程馬拉松做訓練，運動總時數竟然沒增加多少。這顯示我們沒什麼在運動，倒是花很多時間解釋自己為什麼沒運動。

我讀書的總時數是三百二十七小時。這聽起來不錯，幾乎每天讀了一小時，但我疑惑的是這一年自己讀了很少好書。後來我計算自己的閱讀速度，每小時大概能讀五十至六十頁，所以這些小時能讀一萬六千三百五十至一萬九千六百二十頁，足以讀完《戰爭與和平》、《1Q84》、《克莉絲汀的一生》（*Kristin Lavransdatter*），以及我書單上的其他大部頭作品。但是我沒讀，反而看了一堆雜誌——這是我不動腦筋的娛樂（那年我只看五十七小時的電視）。然而，讀「氣爆式爆米花是低卡好點心」這種報導沒什麼營養，讀影集演員的八卦報導也沒比看影集高尚到哪裡去，所以我在這點也需要改進。

因為我有個小寶寶，他睡得不好，所以睡眠成了我很感興趣的主題。我在記錄時間前老想說自己睡得不夠，如今證實了沒錯，我的睡眠確實常被打斷，那年有一百四十六個晚上曾在凌晨四點半前醒來過。艾力克斯比他的哥哥姊姊需要更多時間才能熟睡。

不過就算睡眠狀況不盡如人意，總時數竟然一樣。第一年我平均每天睡七．四小時。當第一個四月過去後，我決定記錄第二年的時間運用，結果第二年的平均睡眠時間……還是每天七．四小時。一年再一年，平均數竟然只差不到一分鐘。不過這不表示我每天都睡七．四小時，也不代表我每週睡五十一．八小時，我第一年的每週睡眠時數是四十七至五十七小時，第二年是四十六至五十六小時。不過只要把時間拉長來看，我的身體每天需要睡七．四小時。我從時間紀錄上看到補眠狀況。如果某週缺乏睡眠，週末我會趁寶寶小睡時補眠而非讀雜誌，晚上九點半就睡昏了，然後在幾個九點半睡昏的補眠之夜後，可以重回正軌再次熬夜，直到下次需要補眠為止。

此外，還發現另一個出奇一致之處：前面委婉形容的夫妻親密活動。我這種活動的總時數（就假定我老公也一樣吧）在二〇一五年四月二十日至二〇一六年四月十九日，和二〇一六年四月二十日至二〇一七年四月十九日，竟然完全相同。不是相近，而是相同。我們沒有刻意計畫要花多少時間，高居三位數的總時數要一模一樣真是不太可能，但真的就是一樣。這顯然是感覺很對的親密頻率——至少是趁小朋友們打電玩時做得到的親密頻率。

## 利用記錄加強記憶，拉長時間

我發現記錄時間還滿有用的，所以在第二個四月之後繼續記錄。我很愛回頭瀏覽試算表。**記憶有助於拉長時間，記錄則有助於加強記憶**。我原本不會自然想起那個七月的紅花鐵板燒之行，但當在紀錄上看到時，細節便歷歷在目：兩個小孩喜歡日式彈珠汽水，一個討厭；一個小孩會吃毛豆，另外兩個不吃；小朋友們的紙廚師帽距離冒火的鐵板近得危險。據說粉紅酒跟日式料理很搭，我點了一杯喝，所以對於孩子們離火這麼近並不像平常那般緊張。我記錄了那頓晚餐，現在比沒記錄時更能回想。這些細節延長了過往時光。

我發現這種強迫的專注很好。無論我們有沒有去想自己如何用時間，時間都會流逝，記錄強迫我去留意。不過當我向人提起自己有記錄時間的習慣，知道過去幾年的每半小時是怎麼度過時，大家都會發出緊張的笑聲。也許他們怕我會很無聊地背出來給他們聽，或許他們正準備詢問時間管理的建議，卻發覺原來是這種建議，那還是岔開話題好了。

所以我想在此說清楚：**你不需花兩年記錄自己的時間，連兩個月都不用，而我認為記錄兩週確實是個不錯的目標**，可以是一個「正常週」與一個「反常週」，並比較兩者之間的異同。

不過很多人根本不想記錄什麼時間。他們給的理由通常可分為兩大類。一類是時間紀錄會透露他們浪費了多少時間，這就像飲食記錄會拆穿「我發誓只吃一點點洋芋片而已喔」的說法。我認為這算不上是什麼理由，至少大家同病相憐。每個人都會浪費時間，像我就會。有時明明該上床睡覺，卻還在廚房鬼混或讀內容農場的文章；開一場預計進行三十分鐘的電話會議，結果才過五分鐘就沒話好說，於是忙著問：「我們還需要談哪些事情？」人這種生物就是會浪費大把寶貴的時間，常花在自己或在乎的人都覺得沒意義的事上。

第二類理由比較複雜，我自己也掙扎過。這種人會說沒空記錄時間，而這顯然是錯的。他們的意思是「不想」記錄時間，原因通常在於感覺知道所有時間，將讓他們感到焦慮或太牽掛每分每秒，以致生活被拴在試算表的一個個欄位。他們和我都知道，在人生最美好的時刻並「不會」留意時間，例如：讀好書讀得欲罷不能，沒發現從三更半夜讀到天都亮了。這類人跟我一樣，喜歡無牽無掛的感覺。

我同意這種了無牽掛的時間很美好，但我也知道無論生活怎麼過，時間終究會找上你：重要客戶約好早上七點半碰面；往納許維爾的班機在四點四十分起飛，從你家去機場要三十分鐘，還要預留等候安檢的時間；乾洗店在傍晚六點半關門，你沒有乾淨的衣服可穿。

大多數人已經必須算時間。不過**試著記錄時間的理由在於：連忙得天昏地暗的人都能擠出一點時間來做有樂趣、有意義的事**。一位內科醫生發現她可以把週五下午的行政時間壓縮一下，早點出來去中央公園跑跑步；一位房仲明白他可以只在固定時間回信，更有時間思考如何打造事業。

正如本章開頭兩位校長的故事，第二步是想像行程表的樣子，第三步是每天付諸實行。做到這兩步才能帶來時間自由。

## 建立新習慣改變對時間的感受

我知道是重新規畫和新習慣改變了自己對時間的感受。我檢視第一年的時間紀錄數據，然後做了不少改變。

首先，如果我每週是工作四十小時而非五十小時，表示我需要盡量善用這四十小時。因此，我變得更有策略地選擇要寫哪些文章，還加快了說話速度。我檢視每天的紀錄，發覺自己有時會在高效工作時段做雜事。那有點像是中場休息，而且感覺很空，而我下午要載小孩參加各種活動。但我決定雜務可以外包，小孩則索性不載——至少別全載（通常要有三頭六臂或很多司機，才能載四個小孩去各種活動）。如果我在工作日的傍晚五點二十分需要去游泳池接一個小孩，跟大家吃飯，六點二十分又要載小孩去摔角隊，那我工作的時間還真有限。不過我也有個關鍵的領悟，就是能質疑自己的謊言。即使我每週只工作四十小時，在那四十小時卻做了超多事，不僅達標還超標。若是如此，「五十小時」除了滿足自以為的虛榮外，還有任何其他意義嗎？

我決定工作時數不必那麼多。在第二年，我確實讓工作時數進一步下降到每週三十五小時，把多出來的五小時花在白天的小冒險與讓我全然放鬆的小活動，比如去附近教堂聽管風琴演奏，在酒鄉納帕（Napa）演講完後找個地方品酒。

至於獨自開車的時間，我聽進自己的建議，在手機裡準備很多音檔，尤其是播客節目（Podcast）。我變得很迷播客，所以當我超愛的部落客莎拉．哈特杭格（Sarah Hart-Unger）發文表示考慮開播客節目，我就提議攜手合作。短短不到一個月，我已經可以在開車去機場的路上，聽我們一起開的播客節目《兩個世界的精華》。

至於愛看雜誌的癮頭，我在第二年明白如果書容易讀，而且我知道下一本該讀什麼，那麼就能善用每年的三百二十七小時多讀些書。我把閱讀計畫和買書加進生活中，每二至三週花三十分鐘讀書評，遵循亞馬遜演算法或買「現代達西夫人」（www.ModernMrsDarcy.com）部落格推薦的任何書。我在手機裡裝了Kindle電子書應用程式，把原本瀏覽網路文章或社群媒體的時間用來讀書。我開始寫讀書紀錄，看到本數愈來愈多就很開心。

沒多久，我看八卦雜誌的時間減少了，變成熱切地讀文學作品，包括那些老早想讀的傑作，例如：薇拉．凱瑟（Willa Cather）的系列作品，還有海明威、費茲傑羅和華頓的冷門作品。在二〇一七年八月期間，我讀完《1Q84》和《克莉絲汀的一生》，大概花了四十小時，不過分散在三十一天感覺就還好，並沒比原先我花在閱讀的時間多出多少。這些是全神貫注的時間，而不是沒動大腦的時間，這有賴於我留意到自己有空檔，然後選擇閱讀而非做其他事。這樣做當然比較花心力，但發現我雖然身為四個孩子的媽，卻能像研究生一般自由閱讀，這感覺還真好。

## 大忙人這樣做找出空檔

**各行各業的大忙人都能（靠持續記錄時間）找出自己的空檔**。二〇一七年五月，我收到一位名叫德魯的年輕人來信，當時他大二，在羅耀拉大學主修財經。他分享自己修的一門領導課，要求學生們記錄時間，然後他決定記錄整個學期共十六週的時間（我也因此很快發覺他是高材生），包括上課、讀書、睡覺、找實習，以及負責兄弟會的招募事宜等。他計算每週的總時數，了解自己是達標或落後，並探討其中的原因。

從前幾週的紀錄裡，德魯得知了許多事。首先，看電視的時間太多，他說：「我死命去減少看線上影音平台Netflix（網飛）的時間。」並很快就把看電視的時間從每週約十二小時縮減至六小時。另外，他也發現在兄弟會花了太多時間，迎新活動包含計畫、面談和活動本身，每週竟占去五十二小時。雖然在當中能結交新朋友，但他表示：「這真是瘋了。我本來還猜大概花二十小時就足夠，但猜錯了。我先前沒這類經驗。」幸好在新成員加入後就不再那麼耗時。

此外，德魯發現自己養成了很多好習慣。他努力維護睡眠，即使在特別忙的一週，仍堅持在每晚凌晨一點前睡覺。他發現自己讀書夠認真，大可放鬆一點，「我發覺自己的時間真是比原本想像還多。」雖然在期末考週的週末有兩個考試，他仍樂意在週三跟我聊。他認為自己週二在圖書館讀了五小時書，所以出來一下沒什麼，而那五小時就記在時間紀錄上。此外，他知道週四和週五可以多花點時間準備期末考。透過往前回顧，他能看到這學期已經花了多少時間準備，「這讓我知道能安排更多事情，並因此感覺更好。我先前已經滿有效率地讀過了，所以現在有餘裕。」這的確好過為期末考驚慌失措，臨時熬夜苦讀抱佛腳。

克勞蒂亞是另一個有記錄時間的讀者，她同樣開心地發現自己不必瘋狂熬夜，不過理由大不相同。她是律師，原本已有兩個年幼孩子，決定懷第三胎時卻懷了三胞胎。這個意外發展似乎會把時間耗得一點也不剩，而她查到的資料也確實很負面，彷彿她再也無法睡覺，不能擁有自己的時間。

但克勞蒂亞是充滿好奇心的人，她想知道這些資訊是否言過其實，因此決定在三胞胎的三個不同成長階段（七個月大、十二個月大、十八個月大）分別記錄一週時間。

她記錄的第一週很嚴峻，每晚只睡六小時，「這雖然不太好，但也不算太慘。」由於三胞胎早產將近三個月，所以七個月大的狀況等同一般寶寶四個月大，許多寶寶在這階段晚上常會醒來：「我想其他媽媽在孩子四個月大時也就睡那麼多，但她們只有一個孩子。」

然而她仍設法安排每天兩小時自己的時間，用來看書、購物、看電視和上健身房（當時她暫時請假在家帶小孩，打算等三胞胎大一點再回去工作）。她有經營部落格「A型媽咪的多胞胎教養日記」，有時去找自己妹妹聊天，還在保母的協助下，抽空去兩個較大孩子的學校看一看。

孩子出生一年後，她記錄的第二週已做很多調整來改善狀況。她替三胞胎訂下清楚的午睡和上床時間，所以自己每天可以睡七．五小時，每天多半小時的個人時間。等到記錄的第三週，生活有餘裕得多，睡眠時數幾乎一模一樣，每天大約七．四小時（雖然原本是希望睡滿八小時），不過她表示：「三胞胎不是我沒睡更多的原因。」她時常晚睡的原因是選擇多跟丈夫聊天或打理家務。另外，她每天有三小時的個人時間，也就是每週有二十一小時。

就連很多沒有三胞胎的人，也總嚷著自己沒那麼多空閒時間，所以克勞蒂亞的成果讓我驚豔。這並不是說帶三胞胎很容易，也不是說所有三胞胎的家長可以有相同經驗，畢竟有些三胞胎身體狀況比較多。她之所以有這麼多自由時間，是因為無比專注於時間規畫，並時常衡量做法的成效。她如此建議：「我確實有些自己的時間——**只是要清楚區分優先順序。有時往後退一步，看見自己把時間掌控得很好，都花在想花的事情上，這感覺還真不賴。**我訝異發現自己帶三胞胎很開心愉快，並自認『很應付得來』。我滿惋惜當初懷三胞胎時沒得到更多的鼓勵和打氣，所以希望自己的部落格能鼓勵到別人。」

## 每週五下午設計下週「務實的理想日子」

如果你想要像我、德魯和克勞蒂亞這樣記錄自己的時間，可以從我的網站「LauraVanderkam.com」下載範本套用或見附錄。這其實是對快樂的簡單投資，在我的時間感受調查中，有一題是「我很清楚昨天時間花在哪裡」，選擇「非常同意」的人比起一般人，更可能回答他們前二十四小時在個人或事業目標上取得的進展，比例高了二一％。一旦你知道時間去了哪裡，會比較容易思考如何用以創造自己要的人生。

我知道不是每位讀者看到這兒都會嘗試記錄時間，就算試了也不見得能撐一週，遑論更久。畢竟市面上許多減肥書都主打「你不必計算卡路里」，所以我知道這類事情是滿讓人厭惡的。此外，許多成功人士也沒在記錄時間，一部分人會為工作而做記錄，但絕少事事全記（前述的「校長山姆專業創新計畫」，確實只看工作時間與在校內的個人時間）。

沒錯，你不必一輩子追蹤每週的一百六十八小時，照樣能照料好自己的時間花園。雖然知道時間去哪裡很好，但真正有助於運用時間的重點，在於知道你想怎麼用時間，每天衡量並調整。

寇特妮．溫斯雷克是作家兼廣告撰稿人，現居伊利諾州春田市。她跟我分享想像中「務實的理想日子」（這並非「完美日子」。雖然想像完美日子也是好玩的練習，不過那是長期目標。「務實的理想日子」必須能在現有的生活架構下實現）。

在務實的理想日子裡，她有自己的閱讀時間，有陪孩子閱讀的時間，處理工作上的重要案子，洗個熱水澡，與先生好好相伴而不是各自滑手機。她說：「當然不是每天都能這樣，但我要怎麼盡量達到？」

這問題很聰明，而且沒道理只達成一個務實的理想日子，不妨來個「務實的理想一週」如何？你會怎麼使用時間？

如果你不想把每分每秒全規畫好，不妨思考下週要做到哪些重要事項。每週是我們能善用的循環。雖然週一和週日天差地別，但在每週之中同占一天，沒有哪天常出現，哪天不常出現。我發現**最適合做下週規畫的時間是週五下午**。當你替週一到週五安排了計畫，在週五用完午餐後，大概不會做什麼要緊的事，畢竟週末在即，通常很難著手處理新事項，不過可以先想想下週想要做什麼。這樣能把原本會浪費的時間，轉變成最有利的時間。

我從幾年前開始在每週五下午規畫未來一週，發覺這有助於專注在重要事務上。我會花幾分鐘檢視下一週，列出一份包含三大分類的優先事項清單：

- 工作
- 關係
- 個人

我問自己：「下一週在各分類中想達成什麼事？」清單可以很短，各兩、三項即可。「工作」類可能包含「替演講寫講稿」、「為即將到來的出差排定行前會議」；「關係」類也許包含「和丈夫出去用餐」、「跟朋友一起慢跑」；「個人」類可以是「跟牙醫約時間」、「到附近的博物館看展」。然後我會看下週的行事曆，寫下這些優先事項。

如果各個事項有很多步驟，可以分散到每天去做，這也是照料時間花園的一種方式。對於每一天，不妨想想哪三件最重要的事應該先做。如果你知道公司或住家在上午十一點半會停電，在那之前該趕著把什麼事先做完？

分辨輕重緩急有助於確保能將重要的事做完，但最讓我驚訝的是，這種計畫可以變出許多「時間」。即使是很大的事項，只要挑出來並拆成數個步驟，分別完成並不會花很多時間。理想狀況下，我會把這些拆開的事項安排在一週的開頭。如果週一結束時就把最重要的工作目標搞定，那真是令人飄飄然，接下來整週的時間都可以感覺無牽無掛，而不會急得像熱鍋上的螞蟻，拚命趕在週五晚上前把分量不明的工作做完。

你也可以用「往後觀看」的方式來照料時間花園。每晚花幾分鐘寫下當天的回顧，回答幾個問題：

- 我最喜歡今天哪一點？
- 我想多花點時間做什麼？
- 我想少花點時間做什麼？
- 我要怎麼辦到？

這些問題有時會讓人決定做出重大改變。最近有位工程師寫信給我，說她研究了自己的行程表，發覺對工作沒有喜歡到願意每天花兩小時通勤，如果主管肯接受她每週一天在家上班會比較好。後來她錄取了一份離家較近且時間彈性的工作，並告訴現在的主管，結果主管同意她可以一週四天在家工作。如今，無論她換不換工作，時間就這麼變出來了。

## 為你的時間負起責任

有些人總覺得行程愈多愈好，這固然沒錯，但無論人生需要花費多少功夫，照料時間花園終歸得回到一件事：負起責任。

這原則也適用於實際的花園，從過去三十年紐約中央公園的案例故事就可以知道。一九七〇年代晚期，紐約中央公園慘得一塌糊塗：椅子破破爛爛，草坪坑坑疤疤，到處是塗鴉和垃圾，整座公園像沒人在管一般，犯罪率也隨之增加。其實中央公園並非工作人員不足，有三百多位人員負責照料這座約有三百四十公頃的公園。[4]問題在於他們幾乎不用負什麼責任，因此割草員可能有看到排水問題，也許有發現到治安死角，卻很難往上通報以解決問題。

一九八〇年代，半民營的中央公園管理委員會接手管理之後，推出了一套總管理員系統，問題開始出現轉機。如今公園共分成四十九區，每區由一個總管理員負責監督工人和志工，為該區域負上全責，若有任何問題，總管理員都必須設法解決。中央公園因此成為安全又美麗的城市綠洲，市民樂於在此徜徉，連天黑之後都不怕。

其實人生也是這樣，**當你擔任生活的總管理員，就是為自己怎麼花時間負起責任，並相信多數時間關乎如何選擇**。

這種心態能改變一切，但實行上仍有賴於智慧和紀律。我們很容易想推掉責任，因為某原因，所以我無法做某件事，而某原因總是言之成理。如果一個人被關在牢房，沒東西能寫字，那麼想把時間拿來寫小說自然是難上加難。某些打擊（像是凍壞木蘭花的暴風雪）足以毀掉本來好好的生活，疾病、資遣和意外並非我們所能掌控，人生可能極其不公。若把時間想成一座花園，我們也許會明白有些人實在幸運，天生擁有一塊沃土；有些人何其無辜，自始得到一片爛地，人們手上資源有天壤之別。許多杯子和衣服上寫著「碧昂絲時間並沒有比你多」，但能言善道的人會說，她可以憑財力和人脈讓時間發揮更大作用，非一般人所能及。

我們還可以舉另一個比較平淡的時間限制：人人所需的睡眠時間不同。根據我的時間紀錄，長期來說每天會睡七．四小時，如果一連太多天睡不夠，身體要不是很早累趴睡倒，就是會盡量抽空打瞌睡。我可以調整睡覺的時間，但以好幾個月的平均來說，仍逃不開每天七．四小時的睡眠需求。一般人每天睡六．五至八．五小時都是正常範圍，但如果將每天需要睡八．五小時的人與每天需要睡六．五小時的人做比較，睡八．五小時的人等於每天少了兩小時。三年下來，每天只需睡六．五小時的人等於多做了一年工作，還不用犧牲自己或陪家人的半秒時間。

這些統統沒錯，但都無法用來反駁「負起責任」這件事。我們很容易相信藉口，尤其是合理的好藉口，但在地球上的七十億人，總有「某人」能在相同處境下做好該做的事。每個人都必須評估自己面對的每個二十四小時，了解如何盡量做出最好的運用。

處境艱困的人如此，天之驕子亦然，我不認為有人能自動做好該做的事。有一次，歐普拉訪問J．K．羅琳，問她寫七大冊《哈利波特》時有做什麼計畫，羅琳吐出一段妙答：[5]「我快寫完《死神的聖物》的時候，某天擦窗戶的人來清潔。那時孩子們在家，狗叫個不停，我沒有辦法工作；但突然靈光一閃：『**我可以砸錢解決這個問題，現在就解決**。』」所以她跑去住旅館，並把底稿寫完。這決定的確很明智，但不妨想一想：羅琳有了七本暢銷大作和超過十億美元，才明白該把時間花在唯有自己能做的事上。沒有人是一出生就拿著人生使用手冊。

不過每個人確實都有一天二十四小時，一週一百六十八小時。無論我們面臨本身哪些限制，面臨他人哪些限制，只要好好照料時間花園，就能利用自己所擁有的時間，一天天打造出自己想要的生活。

「專注給你時間，時間給你選擇，善加選擇則有自由。」無論你對生活有什麼規畫這都適用。**我們容易誤以為時間很少，但你可以選擇把「我太忙了」改成「我有空做重要的事」**，進而看見各種可能性，讓花園繁花盛開。

寇特妮．溫斯雷克（前面提到設計出「務實的理想日子」的作家）就有此發現。她第二個孩子布蕾娜天生患有罕見的斑色魚鱗癬，身體會長出過多的皮膚，一般人都把皮膚的作用視為理所當然，對她卻不然。布蕾娜無法流汗，體溫需要細心調節，還很容易感染。她關節周圍皮膚繃得很緊，限制了身體的活動，手指皮膚甚至從還在母體內就又繃又緊，出生很久之後仍無法彎曲手指。她頭髮稀疏，皮膚時常通紅，引來路人多看兩眼。她每天需要洗很久的澡，把多餘皮膚刷掉，還要從頭到腳擦護膚乳防止皮膚裂開。此外，她全身癢到半夜幾乎都會醒來，寇特妮和先生輪流協助她止癢和入睡。

布蕾娜需要定期看診和治療，總共得看八位醫生：一位耳鼻喉科醫師替她清掉有礙聽力的耳中硬皮；兩位皮膚科醫師針對皮膚本身的問題；兩位眼科醫師處理許多眼部疾症（像是天生沒有功能的眼皮，結果也成了多餘的皮膚）；一位肝膽腸胃科醫師處理相關問題（剛出生前幾年有插鼻胃管）；一位風溼科醫師處理幼年型特發性關節炎；一位小兒科醫師負責兒童一般會遇到的問題。

照顧布蕾娜當然得花很多時間。在人人放鬆或玩樂的週末，他們一家仍得思考何時讓她洗非常耗時的澡，然後擦上護膚乳。帶女兒去看診，意謂著二十至三十分鐘車程，還有在候診室等待，加上看診本身的時間。寇特妮是主要照顧者，她在女兒還是小寶寶的階段曾感到筋疲力盡，很想怨天尤人。

但是後來她打定了主意：她能怨天尤人，也可以接受花園的樣子，投入心力好好照料。

她選擇後者。布蕾娜三歲時，寇特妮向我分享了一個令人訝異的發現，那就是她的時間也比想像中多。在布蕾娜剛出生不久，她就在部落格寫自己的故事，某部分原因是想讓周圍關心他們的人得知近況，結果後來部落格文章集結成一本書。她分享自己的時間紀錄，上面記錄著陪伴年幼孩子的大量時間，「我花超級多時間在孩子身上，實在是太多時間了。你聽過別人這樣說嗎？」但她每天仍抽出幾小時寫了《不同的美麗》（*A Different Beautiful*）這本書。她的方法是請保母與趁布蕾娜睡覺時工作，這種務實的理想日子還包括了「邊泡澡邊看書」——她在寫時間紀錄的那週總共設法泡了五次澡。

此外，她還拜訪公婆，幫忙剛生小孩的朋友，參加先生公司的野餐聚會，與先生看了一場電影，參加頒獎晚宴，帶老大去游泳，還有週一晚上花了約一小時的事：「去加油站，看到彩虹，所以我們追上去。」試算表裡只記了寥寥幾字，但當時孩子們在後座臉緊貼車窗，笑著高呼：「媽，快看！」一家人穿過雨溼的街道。

任何時間花園都能照料，甚至能變出更多。寇特妮回憶二〇一七年初，布蕾娜每週有五個早上去幼稚園，而她則趁機追尋嶄新的寫作事業。秋天，布蕾娜上午八點至下午三點去幼稚園，而寇特妮經過多年鍛鍊，已開始思考怎麼規畫這段時間才不會浪費掉。她有幾個大計畫，人生充滿希望，而在所照料的花園裡，花朵正燦爛盛開，如同賓州的春天。二〇一六年，她讀了五十八本書，並如此說：「別人問我：『妳到底怎麼找出時間讀那麼多書啊？』我回答：『我製造出時間。我可以選擇讓我更充盈的活動，而不是把我耗盡的活動。我確實有時間做想做的事。』」

第 2 章

# 讓人生值得回味

我們說：「為什麼時間過得那麼快？」意思大多是：「我不記得時間花在哪裡了。」

——亞倫．柏狄克（Alan Burdick），《為何時間不等人》（*Why Time Flies*）

## 想擁有更多時間，就要創造更多回憶

「時間旅行」聽起來像是科幻小說裡的東西，但其實人腦就很擅長時間旅行，你只要靜靜地坐著，思緒就會遊走他處，時常是去到過往的某個地方。小物品很能激發這種旅行。有次，我從書架抽出書來，只見一張收據飄落，時間是二〇〇二年八月，突然間我回到從曼谷前往某處海港的夜車上，在黑暗中穿過臥鋪，聽見火車的隆隆聲。

這段記憶特別歷歷在目，簡直令人困惑，畢竟我已有好幾年沒去回想過當時的場景，記憶到底是如何歸檔，這麼輕易就在此刻重現？

「記憶還真是神祕費解。」以探索患者過往為業的臨床心理醫師麗茲·庫林（Liz Currin）如此說。多數人從三歲左右開始有記憶，少數人更晚才有記憶，原因通常是兒時創傷的副作用，受傷的大腦會把記憶深深掩埋來保護自己，一層一層包覆，直到外部平滑為止。然而，當人接觸到往事的細節後，記憶終究會浮上表面。以我的那張收據為例，記憶輕易浮現。麗茲說：「比方說一首歌，而最能激起記憶的感官則是嗅覺。」我一聞到忍冬的氣味，就想起自己十來歲時聞到的一款廉價香水。鮮明的氣味，鮮明的時光。

多數人幾乎是隨機進行這種時間旅行，麗茲則對記憶的力量瞭若指掌，並小心地喚起、加深對過往的感受。她有兩個女兒，伊莉絲和莎拉，現在她們都已經長大成人，過著自己的人生。麗茲說：「我常沉浸在她們（兒時）的時光，方法是想像一個藏寶箱，打開來滿是各式各樣的美麗寶石，我伸手取出一顆，雙手捧著前後凝視，感受當中的美。」

她特別常回味一段帶兩個小女兒去社區泳池的回憶。那天豔陽高照，細節歷歷在目，她為女兒們穿上泳衣，塗防晒油，帶上所有泳池玩具，把琳瑯滿目的東西一股腦兒扛到車上。她點出這當中好笑的地方：她們準備得超完善，好像要出兵攻打別國似的，但社區泳池其實只離家一個路口。

她們游完泳後回到家，吃了水果沙拉，把泳衣丟進洗衣機，聊著早上的經過，然後睡午覺。這「毫無特別之處」的往事，卻是麗茲「非常珍惜的記憶」，並持續在她腦中徘徊，從夏天進入秋天，接著從一個個夏天進入一個個秋天。一天天過去，一年年過去，就算兩個小女孩漂入過往的時光之流，麗茲每次都能打開那個藏寶箱，時常擦亮記憶，更深深憶起女兒們還很小的時候。

藏寶箱是個很可愛的意象。我很樂意如此重拾過往歲月的寶石，如今也樂意再加寶石進去。我的第一個記憶大概是在三歲前後，依稀記得收到一組茶具，大概對精緻的陶瓷茶具非常驚豔——假若這確實是當時的記憶。在另一個記憶裡，那時五歲的我在白色紀念長老會教堂獨自唱歌表演，唱詩袍上繫著大大的紅領結，我站在最前面，望著兩側的長椅和陽台，唱〈馬槽歌〉的第三節。

諸如表演與開心，這些事能激起強烈的情緒，增添記憶的分量。各種景象在腦中或許不是隨機安置。種種的記憶拼成了故事，而那些故事形塑了現在的我們。

這對喜歡抽絲剝繭的心理學家而言很有意思，卻不僅僅如此。**記憶影響了我們對時間的感受：時間是多還是少，是非常充實或從指尖點滴流逝**。我們通常更把記憶當作檔案櫃而非藏寶箱，認為記憶是自動歸檔，而一張張的檔案紙隨著時間過去逐漸模糊。

更全面去了解的人會知道記憶不只如此。原石可以憑注意力打磨而發亮。在人的腦中，往事不只關乎實際發生什麼，還關乎我們現在怎麼與之互動。你能與往事建立關係，感覺頗像談戀愛，一來現在要為未來放進更多原石，把藏寶箱愈裝愈滿；二來要好好珍惜過往。只是有很多人抗拒愛也抗拒時間。我們向來容易過度沉溺於正在感受的自己，亦即當下時刻，卻看不到不同時空的自己，但要特別注意，時間紀律帶來時間自由。二〇一六年TED女性大會上，紐約大學心理學教授莉拉．達法奇（Lila Davachi）說：「**我們想要有更多時間，但其實真正想要的是更多回憶**。」[1]

我們能讓生活有更多探險，從而創造出更多回憶。但我們很容易選擇不去探險，不去事後回顧。如果我們希望自己不只是把收據夾進書裡，不只是偶然聞到忍冬的香味，能多做一點，那可就得花時間；一旦做了又能把時間延長。磨亮記憶能深化自我，發覺未來令人期待，過往豐盈美好，因此感覺自己的時間多得不得了。

## 單調的例行生活會讓時間快速流逝

記憶更多代表時間更多，這也許不是能馬上領會的概念。了解個中關連有賴於了解頭腦處理及儲存事物的方式。我們對周遭事物有短期記憶，有辦法複誦剛剛聽到的電話號碼，記得自己才把馬克杯放進了微波爐（通常能記得啦）。然而，大量的事物不是儲存在有如圖書館檢索系統的大腦裡，就是完全被丟進垃圾桶。

舉例來說，你記不記得兩年前的今天做了什麼事？如果你是從那天開始從事現在這份工作，或是面對刻骨銘心的成功或失敗，大概就會記得。

不過最可能的情況是，那天毫不特別，你一如其他日子安於例行公事：起床，替自己或別人弄早餐，通勤上班，回覆信件，開會討論，回家晚餐，看看電視，然後上床睡覺。安於例行公事很合理，能省下動腦的麻煩。動腦和歸檔都得耗費能量。如果沒什麼好思考的事，也就沒理由歸檔。大腦決定不把凡事都歸檔進記憶，畢竟若我們記得每天清醒時十五．五至十七．五小時的大小事情，那實在太崩潰了。生活在某些方面講究效益，大腦不需去記今天早上穿衣服。聰明人會組織生活，為頭腦減少考量效益的功夫，像是在衣櫃裡準備十一件同樣得體的辦公服裝，把認知能力保留給困難的決策。

這是很合理的做法，不過談到時間和記憶則另當別論。頭腦會認為，若一年有兩百三十五天早上各花一小時以同樣路線通勤上班，而且符合平均數地工作了四．二五年，那麼這一千次通勤在記憶裡會變成僅僅一次通勤。

也就是說，一千小時變成了一小時。那麼每週二早上總讓你猛看時鐘的二小時會議呢？每場會議彷彿無止無境，卻都是類似的無止無境，所以事後依然沒多少印象。平時每晚睡前滑手機瀏覽新聞的習慣，也會耗掉我們很多時間，轉眼卻忘得一乾二淨。

當一切都大同小異，一整年就會落入記憶的黑洞。一千小時變成一小時，八十萬小時的人生也變成彷彿只有八百小時——短於五週。哲學家暨心理學家威廉·詹姆斯（William James）這樣談時間：「**空洞、單調和熟悉使時間枯萎。**」[2]時間變成以小孩的身高來衡量，「真不敢相信你長這麼大了！」我們看到三年不見的小孩不禁驚呼，彷彿這不吻合自己長達兩萬六千兩百八十小時的認知空隙。

這有些無可避免，不過與成年後的日常慣例相比，人生的某些部分似乎更悠長。只要問一問周圍的人就會發現，幾乎每個人都會認為現在時間過得較快（當我們較年長），以前時間過得較慢（當我們較年輕）。既然時間是以相同速度流逝，唯一的解釋是我們的感受變了。

根據威廉·詹姆斯的看法，年輕的生活不同於千篇一律的上千次通勤，一切都是嶄新的，我們不僅第一次看見許多事物，而且正在了解人生，願意冒長大之後不願冒的險，這種強烈的情緒讓時間拉長。

他所言甚是。我從自己跟孩子對時間與事物的不同觀感中看見這點。幾年前某個下雪的一月天，我跟著當時六歲的山姆走進後院，看著他別出狀況。我們邁步跋涉過積雪，那時雪深及我的膝蓋，快到他的腰際。山姆跟在我後面，一同來到一棵小樹旁，然後他衝向前爬到樹上，在離地面大概一百八十公分高的粗樹枝慢慢往前爬，低聲自言自語很久。我緊張地在旁邊聽，最後明白他是想鼓起勇氣縱身跳向雪地，原先是害怕，等終於跳到雪地上則轉為歡欣鼓舞。他感受到強烈的情緒，新鮮的景物也因此在頭腦裡留下鮮明印象，一如我在雪地留下的清晰足跡。相較之下，那時我則在想一些乏味的事：現在學校和許多公司行號都關閉，不知公事電話是否會在預定的下午十二點半打來？因此頭腦沒留下什麼印象，像一條蓋好的平滑車道。身為成人，我不會想拋開對受傷的恐懼，從樹枝跳下來。

## 延長時間的祕訣：思考「為什麼今天不一樣？」

成年後的清晰記憶往往涉及這類新鮮事物或強烈情緒。我記得跟先生（有寫在行事曆上）的前幾次約會，各種細節鮮明清晰。我記得每個孩子出生的時刻，尤其是第四個孩子，他突然急著出生，我只好急急忙忙趕去醫院，而痛楚讓時間變得好慢，住家跟醫院停車場之間的每個紅燈都煎熬無比。現在每當我被這些紅燈攔下來，都會想到那一夜。

這些經驗本身就令人難忘，度假也是如此，因為顯得新鮮。莉拉・達法奇在演講中提到，如果把自己遇到的每個事件當作一個記憶單位，「在有許多變化的環境會形成更多記憶，遠多過在絕少變化的環境。這些記憶單位——這些記憶單位的數量——決定我們後來對時間的感受。**記憶單位愈多，就會記得愈多，時間顯得愈長**。」

如果我們過著平凡生活，大概只會記得過去兩週的五、六件趣事。但如果在異國旅行，大概在吃早餐前就有五、六個新體驗，這是因為大腦不知道未來何時需要用到這些，所以統統標記起來，讓一天感覺像兩週一般豐富。如果某一日有五、六件能激起強烈情緒的事，也是如此。

我本身有這類經歷。聆聽莉拉・達法奇演講的那週，我感覺新鮮又有強烈情緒，所以一天天記在腦中。當週我在佛州奧蘭多的迪士尼樂園和環球影城度過長長的假期（二〇一六年十月二十一至二十四日），等晚上多數遊客散去後仍待在園區，玩哈利波特禁忌之旅與跑道測試歷險等設施。主題樂園就是設計得新鮮又刺激，這是其主要目標，也並未讓人失望。

我在二十四日週一回到家，隔天二十五日週二飛去舊金山，二十六日週三一大早沿著內河碼頭慢跑，看美麗海灣，聽啁啾鳥叫。我做了TED演講預演，跟其他講者碰面，之後在旅館房間反覆排練。隔天二十七日週四早上，我打理好頭髮，讓化妝師搞定假睫毛，站在舞台幕簾後方，做了艾美．柯蒂（Amy Cuddy）在TED演講上推薦的自信動作。我上台在強光下講了十二分鐘，觀眾在該笑時大笑，該點頭時點頭。雖然這十二分鐘與我早上替小孩做巧克力鬆餅的時間一樣長，但我知道一旦回想二〇一六年，我更可能想起這個早晨，而不是其他做早餐的日子。

我很幸運是在第一輪演講，所以能放鬆聽後面的演講。即使這樣，時間也並未加快。我聽了很多場演講，演講主題各形各色，從性騷擾到家人遇害都有，講者們紛紛用各自的十二至十八分鐘令人印象深刻，講得扣人心弦。二十八日週五下午，我坐在旅館酒吧等著去機場搭紅眼航班返家，難以相信短短一百六十八小時前我才剛去奧蘭多，現在過完這輩子數一數二長的一週。

當然不是每週都能這樣過，我也不希望如此。奧蘭多是一趟「專屬於大孩子」的旅行，幾乎沒看到小兒子艾力克斯。此外，我也沒寫什麼東西，姑且不論賺錢謀生，其實本身也很樂意咬文嚼字，慢工出細活，就算寫作時刻沒留下多少印象也無所謂。

日常慣例並沒有不對，它能帶來愉快和舒服，好的慣例長遠來看能促進成功。正是因為日常與旅行的反差，才使假期值得珍惜回味。若沒有日常，新奇本身也會令人厭倦。

因此，我並不主張拋開慣例，也沒要你想出一千種通勤方式，避免一千個早上一成不變。重點是要有別於一般的做法，在日常和新奇之間達到另一種平衡。我相信只要有顆願意探險的心，平凡的日子可以變得特別，變得值得珍惜回味。有意識地創造這些記憶，能幫助我們延長時間。

根據猶太人的傳統，在逾越的餐宴開始前，席上最年輕的人要提問：「為什麼今晚跟別晚不一樣？」在逾越節的脈絡下，答案是這晚要慶祝家族史上的重要大事。其實在世俗意義上，這也是個好問題，你可以在任何一天問：「**為什麼今天跟別天不一樣？**」我們頭腦已經要記一大堆東西了，為什麼要記得今天呢？

我敢說大多數人十天裡有九天答不出來，比例甚至還要更低，因為日子容易被遺忘而忘掉了。然而，當忘記的比例太高，就是一種可惜。不是每一天都能像逾越節（或任何你會慶祝的節日），但也不表示那天不能獨一無二，不是很多天裡只能有一天特別，其他日子藏寶箱空空如也。

## 計畫特別行程，讓日子變得充實又有趣

朵莉・克拉克（Dorie Clark）堪稱個人行銷大師，並有多本相關著作，過去幾年她熱中於拚事業，在二〇一五年底卻「赫然驚覺」一件事：「我被問到在工作之外還喜歡做什麼，竟答不出來。工作就是我的全部，而我發覺這樣真的很糟。」這不僅在概念上很糟（畢竟人生應該不只如此），就以金錢來衡量也會覺得很蠢，「我住在紐約。如果成天只是埋首工作，其實去住其他地方也是一樣——住在沙漠裡的破屋都行。紐約是全球數一數二物價昂貴的城市，如果我不善加利用，何必花這個錢？」

所以朵莉決定，二〇一六年每週至少在紐約進行一次小探險，「這樣到了年底我才會覺得自己有善用住在紐約的機會。」

她興致勃勃地展開行動，「我喜歡量化，所以開始把每件事都記下來，一做了什麼就記在手機裡。」這份紀錄很快就有「參觀布魯克林的哈西迪教派」與「參觀兵工廠」。她去了下東城廉租公寓博物館，造訪甘斯沃爾特市場，欣賞正直公民大隊秀，看薩曼莎．比（Samantha Bee）錄影，甚至在一間喜劇劇場巧遇演員傑瑞．史菲德（Jerry Seinfeld）登台露兩手（這段節目事前沒公布）。

朵莉還去百老匯看秀，在經典老店薩帝斯餐廳用餐，沿西岸快速道路下騎單車，去了俄羅斯茶室餐廳、彩虹高樓餐廳和翠貝卡影展，照披薩推薦名單一家家大飽口福，搭地鐵七號線去法拉盛最後一站的一間購物中心，那兒的美食街有三十多間道地的亞洲餐館。這計畫讓人愈試愈起勁。到了二〇一七年一月，她已經有超過五十二個紐約客專屬的回憶。

這目標也激發了許多正向行為。首先，朵莉更留意空閒時間的運用方式。她原本可以在日常遇見些新奇，但由於每週目標，她「努力找出新奇的活動」，還訂閱《紐約生活指南》（*Time Out New York*），「我要參考那些資訊來選擇。」過去的她讀了些內容，可能會把某篇文章存下來，想說改天可以試；但對大忙人來說，「改天」等於「沒有這天」。現在她列出清單，「改天」成了行程表上具體的日期。這目標也有助於在看電影或博物館展覽間做選擇。若沒有「紐約客專屬」計畫，「我也許就沒什麼在兩者間做選擇的好依據。電影在哪裡都能看，博物館展覽卻只在紐約有，所以看展優先。」

透過這種計畫逼自己走出公寓，造訪沒去過的地方，代表「現在紐約已經不同以往，有了很多回憶和感情。」就連走出地鐵站都成了回憶：「這路我走過。還記得是哪時走的嗎？」當你在週六晚上巧遇明星登台，絕對能回答這天跟其他日子有什麼不同。住在紐約這種大城市，活動有時價格不菲，所以很多人選擇用Netflix看電影，而不是去布魯克林博物館。其實也有很多活動完全免費，說起我在紐約的那些年，還清楚記得某天清晨去了高架橋下昏昏暗暗的富爾頓魚市場，那裡冰塊堆積如山，小販燒著木箱，血淋淋的魚頭發著光，散發著刺鼻氣味。

其實就連平常的日子也能有所不同。在我前面提過的時間感受調查中，那些回答「昨天我做了值得回味或特別的事」的人，同意「自己有足夠時間做想做的事」的機率比平均高了一四％。

我挑出時間感受得分最高的三十個人，分析這些人的時間紀錄，結果發現他們把那個三月的週一過得出奇有趣。一位女士晚上六點在線上購票，七點就跟家人去電影院看《美女與野獸》；有位受試者去接朋友，共同參加一場以社會企業為主題的地方活動；另一位則在晚上七點帶十歲的小孩吃晚餐，八點到當地的水療館接受按摩；一位晚上九點練了騷莎舞（Salsa Dance）；還有一位晚上八點迎接保母之後立刻溜出去，聽了一場爵士演奏。別忘了，這可是週一晚上。

就算是沒有這種精采活動的人，也做了比看電視更有趣的事，例如：全家去公園享受三月尚未天黑的時光，或是晚上八點飯後出門散散步。

什麼值得回味？什麼能激起高強度的情緒？少量時間可以變成少量快樂，比方說：

- 如果你喜歡到某個地方吃午餐，在那裡能夠開心，也許可以每週去個二、三次，別天則嘗試其他地方。
- 隨便找個週二在不同地方停車或下車，就在新地方來場晨間散步，晚上則挑一個上班經過時好奇的店家看一看。

- 找一個先前只是打過招呼的同事好好聊一下。
- 在習慣旁觀的會議上發言。
- 挑出一個晚上，用原本看電視的時間投稿給當地報社，三天後享受文章刊出的榮耀與開心。
- 夏天晚上在社區游泳池游個泳。
- 在後院鋪上野餐墊，到屋外吃早餐。
- 週三早點溜出公司和伴侶喝一杯，再搭普通的火車回家。
- 邀朋友去鄰近的州立公園來場短程健行——那些有美麗松林的公園，明明離你家不遠，但過去幾年你從沒去過。

## 「經歷自我」是讓光陰虛度的元凶

讓日子特別以至於難忘很簡單，因此這帶出了一個問題：「為什麼我們不去做？」或是說很少人肯為此下功夫。答案是因為「自我」其實有很多個：

・「預期自我」思考、規畫與擔心未來。
・「經歷自我」活在當下。
・「記憶自我」回顧過往。

**想要創造更多回憶（並因此創造更多時間），就要重視預期自我、記憶自我多於經歷自我，而這背後需要相當的自律。**

談到愉快的探險，預期自我和記憶自我倒是時常聯手。紐約大學心理學教授莉拉・達法奇說：「這些涉及了相同的大腦系統。」為了預期或記住一件事，人的頭腦會運用熟悉的景象，建構現在並未發生的事（不論事情曾經發生過或純屬想像）。達法奇說：「大腦才不管什麼時間。」

預期自我是負責計畫未來。如果想像一下這個自己，他可能正在看加拉巴哥群島的紀錄片，檢視休假計畫，思考何時能成行；或是從朋友那裡聽說美術館某展覽超棒，並發現週五晚上也許很適合去。預期自我有打算之後就開始衡量計畫，想像親臨的情況，如果感覺夠強烈，到時就能拉著經歷自我付諸實行。如果你訂下七月的海灘小屋，就能為三月許多煩人的通勤帶來溫暖。的確，大多數的快樂可能都是來自於預期。如果你週六晚上向最喜歡的餐廳訂了位，某種程度能夠想像用餐時的愉悅。不過這跟用餐當下的愉悅並不同，可以延長為好幾週。

記憶自我堪稱是預期自我的夥伴。當你看著桌上跟孩子的合照，這個自我會露出微笑。拍照時是春天的某個週六，當時一家人造訪植物園，一切美好、快樂，小寶寶伸出肥肥的手指，抓著年輕的你的脖子。這種記憶能挺過時光的淘洗，任你回想，在時光之流留下印記。

我們能期待好幾年後的未來，記得好幾十年前的過去。問題在於當下是由經歷自我來主宰，雖然當下很短暫，卻對人的行動有不成比例的影響力。記憶自我很愛那張在植物園裡跟孩子的合照，但有點站著說話不腰疼。回憶過往很開心，想像未來也很開心，但當下通常很少能開心。那時為了帶孩子們去植物園，經歷自我必須哄六歲的大兒子：「不要哪兒都不肯去。」兩歲小女兒的尿布在踏出家門時爆開，還在車上吼叫哭鬧，把奶嘴亂扔，這些實在討厭。預期自我覺得週五晚上去美術館很棒，不僅門票免費，還有酒吧和音樂；記憶自我之後會開心回味一幅幅的大師名作，甚至認識能一起品嚐夏多內紅酒的新朋友；但經歷自我只覺得剛結束一天的工作好累。週五當晚天氣溼冷又下雨，交通壅塞，這一切全由經歷自我來面對。

經歷自我很厭惡這種不公平的分工，所以一肚子不爽，決定忽視預期自我和記憶自我，拿出一個顯然沒錯的說詞搪塞：「我很累。」下週五美術館又不會跑掉，今晚看看電視就好，於是當下的輕鬆愉快戰勝了辛苦上路。哲學家羅伯特・格魯丁（Robert Grudin）在《時間與生活的藝術》（*Time and the Art of Living*）寫道：「我們把當下縱容為驕寵的孩子。」[3]我們順從一時的興致，滑著一則則臉書貼文——雖然貼文者只是從來都沒有好感的高中同學，而這段時間從此消逝，彷彿不曾存在過。

## 如何不被「經歷自我」主宰？

這種困境沒有簡單的解答，因為人們往往超級不在乎未來的自己，所以很多人都沒有好好存退休金。然而，我確實認為了解這個人性本質將有幫助。每當發覺我太過聽從經歷自我時（小朋友電視看得好好的，而且車程要四十五分鐘，妳才剛喝過咖啡，最後會需要找廁所……），會先暫時打住一下，提醒自己現在是一場獨腳戲，但其實應該由三個角色一起演出，接著反覆誦讀兩個口訣：

・想計畫吧！
・做就對了！

對我來說，如果預期自我想做某件事，記憶自我會樂見那件事被完成，甚至經歷自我會對某些部分樂在其中。雖然現在我真的好累，但反正人生就是一場累，況且有意義的事情也能激發幹勁。

我也會想，時間都將過去。無論今天的我做不做什麼，下一個二十四小時都會到來。今天可以「一事不做」（準確來說是「做沒意義的事」），也可以做些有意思的事。至於這件有意思的事，就算那個預期自我不敢堅持，時間總會過去。只要做這事不會殺了我（絕大多數不會），通常就有好的回憶，我可以堅持。

所以我堅持了。不久前，十二月的某個週日，我遲遲不去做明明合適的所有事情。氣象說會下雪，而那天的行程是在長木花園跟聖誕老人共進早餐，帶山姆去摔角隊，再陪他搭火車去紐約和其他孩子及老公碰面。老公想去美國自然史博物館，之後再去他想參加的假日派對。這些事情結束後，我獨自在曼哈頓看一個合唱團的演出，回程搭火車去取車，開回家時已過午夜。

這天很累。撇去緊湊行程不談，在曼哈頓中城帶孩子也很累，小寶寶還在老公的朋友家拿食物亂丟。開車回家更是害我完全累翻，由於半途起了大霧，我看不見美國一號國道往賓州高速公路的交流道是往東還往西，只能靠對車道的熟悉硬往前開。然而隔天當我醒過來，喝完咖啡，腦中的印象只剩孩子們坐在聖誕老人的大腿上，聖誕紅在瑞雪覆蓋的溫室裡嫣紅盛開，教練把山姆的手臂高高拉起宣布獲勝，合唱團以優美歌聲唱著溫暖、奇蹟和新生。

朵莉．克拉克說：「我們終究得花用時間，等於還是做了選擇。你想有意識或無意識地做選擇呢？」

有意識的樂趣需要付出心力。這乍看之下有矛盾的概念（為什麼好玩還得費力？）使我們停步。結果我們沉溺於不費力氣的樂趣（在Instagram滑派對的照片），很少從事費力的樂趣（自己辦派對）。不過克拉克寫道：「雖然在無聊和焦慮中時間過得很慢，卻能累積成好幾年的空白記憶。」

**費力的樂趣才會讓今天不一樣，並且化為一個記憶。當你記得時間用在哪裡，就不會再問：「時間都去哪兒了？」**

## 回顧能強化記憶，拾回過去的時間

然而延長時間不只是提出有趣計畫和付諸實行。記憶需要培養，要被當成有生命的事物來對待，而從某方面來說，記憶確實有生命。事情不是發生就發生了，然後被大腦原原本本記下來，像電話簿一般供你查詢。大腦其實會選擇把某些事記得一清二楚，有些事則記得模模糊糊。只要把各件事組合成一套往事，或至少把對各件事的印象組成往事，當你愈回顧，記憶愈牢固。你可以試著請一對伴侶分別描述他們的婚禮，明明當時兩人都在場，經歷同一場婚禮，卻各自記得不同的事情，以相異的方式回顧那一天。

有些記憶無論你是否喜歡，都在頭腦裡掘得很深，這也是我為何如此清楚記得往醫院路上的紅綠燈。不過多數時候你可以在建立記憶的過程中出份力，主動選擇歸檔方式，以便日後回想。

現代人不需要被鼓勵多多拍照，而是要主動歸檔：選出最好的照片做成相簿，讓自己看了會暫停下來回想當年，而不是堆在手機的一個大資料夾裡，當手機被忘在公車上就跟著不見。寫日記的理由有很多，其中一個是「能把日常記憶主動化為記憶」。我的時間紀錄詳細記下日子怎麼過，生活剪貼簿是保持記憶的藝術品。

社交也能加強我們的記憶，像是在晚餐聚會請別人分享往事。此外，也要有意識地讓記憶和感官互相連結，例如：在旅行的每一天聞聞旅館的肥皂，那味道會成為旅行記憶的一部分。

這些行動在未來會有幫助，問題在於我們對先前的經歷不見得這樣做過。但就如哲學家羅伯特·格魯丁所說：「忘掉的記憶絕少無法想起，但我們需要有耐心，努力設法把它找回來。唯有在一個人忘記自己忘了，與過往之間的大門才闔上。」

有項研究支持一個詩意的概念，[4]那就是人在事後能讓記憶更清楚鮮明，不過這研究基本上是在探討負面記憶。

達法奇與同仁針對記憶的這個特性，做了一項共分為兩階段的實驗。在第一階段，研究人員讓受試者看中性的影像（動物和工具）；在第二階段，受試者會看到類似影像（動物和工具），但在其中一類影像（只有動物或只有工具）出現，手腕會被輕微電擊。結果並不令人意外，受試者會更清楚記得在第二階段時，與輕微電擊一起出現的那類影像，也就是如果看到工具時被電擊，對工具的印象就會深於動物。但有意思的是，他們最後也因此更記得第一階段，他們**受電擊之前**看過的這類影像。電擊告訴大腦某類影像很重要，所以大腦會搜尋過去的例子，並重新把它們列為重要。

多數人都不想靠電擊來加深記憶，不過這實驗確實說明一件事：我們能靠現在做某些事來加深過去的記憶。我喜歡「追逐記憶」這個比喻，方法也許是多接觸特定的歌曲、影像或氣味，像法國文豪普魯斯特（Marcel Proust）曾因瑪德蓮蛋糕而喚起了諸多記憶，簡直十分誇張。格魯丁寫道：「同樣，我們若想努力重拾過去的某段記憶，不妨搜尋腦中深處的實際細節，當感覺再度湧上來，也許能喚回當時的整個情緒。」

我建議每個人都該找時間「沉浸於過去」，這說法的含義不該像現在這麼負面。在開長途車時，播放你想回憶年代的專輯，歌曲能喚起十來歲時的得意和渴望，突然間你回到十七歲，那時你在車裡，轉頭湊近身旁同樣天真的那個人，即將有個二十五年後仍然記得的吻。

這些日子我像考古學家一般挖掘記憶。這個家還藏著多少旅行收據之類的東西？我停下來看衣櫃裡一件白外套，它現在已經很舊，但我無法丟掉，因為每當摸著毛絨絨的袖子，我一時間會回到二十四歲，在週末假期穿著這外套，跟四個月後會向我求婚的男人一起去倫敦。

那時我在戀愛，想到有人帶我去倫敦度假就飄飄然，而我就穿著這外套。現在最先想到的回憶全然美好，雖然我每次去歐洲都有相同困擾：下飛機就有時差。那是經歷自我的處境，而現在我愈回想，愈記得經歷自我曾碰到哪些折磨。希斯洛機場線火車停駛，所以我們搭計程車去市中心（還塞車）。旅館很好心地讓我們辦理提早入住——但後來我們才知道提早入住的費用等於多住一晚。我那旅行經驗豐富的男伴曾說，開發中國家的計程車司機會多騙你兩美元，沒想到倫敦的好飯店更過分，竟把多出兩百英鎊（約八千台幣）的帳單硬塞給你。不過在白外套喚起的記憶中，我們只是一起走過秋天的海德公園，在酒吧裡含情脈脈對望。

## 故地重遊，探索從前的每時每刻

在整理書桌或衣櫃時能勾起我們的回憶，但有時也能採取更明確的行動來喚起某些特定的回憶。

二〇一七年五月，我回到母校印第安納科學、數學與人文中學，在畢業典禮致詞做為畢業二十週年的慶祝。歲月有沉沉的重量，我知道典禮上的高三生在我畢業時根本還沒出生。那週五我飛到印第安納波利斯（Indianapolis），開車穿過玉米田前往蒙西市（Muncie）。當我停在熟悉的街道並打開車門時，雖然知道二十年早已逝去，卻覺得自己彷彿從未離開過。

我嗅聞樹木和白河熟悉的氣味，還記得一九九五年十六歲的自己。那時我急欲離開這間公立住宿中學，想盡己所能地努力學習，並認為如果自己表現出色，就能有更多離開這片玉米田的機會。二〇一七年的今天，我反而飛了回來。

波爾州立大學的校園與附近的商店，立刻喚起仍埋藏我腦海某處的記憶。每棟建築喚起不同的記憶。當年的咖啡廳還在，雖然老闆換了，店名也改了，但外觀幾乎一樣。那間白兔二手書店還有營業，熟悉的書店老闆依然不穿鞋，而二十年後的我看起來似乎值得信任，獲得背包包入內的資格。我敢說大部分的書仍待在原位不動，從我上次進來就在那兒了。我走到當年的宿舍後頭，看見之前住過寢室的窗戶，想起自己曾每天早上往外望著學生餐廳、教室、停車場和大垃圾箱。

我試著回想十六歲女學生的心境：她是怎麼想，怎麼看未來，是否滿意我現在的樣子？但願她滿意。雖然那時她好像期望自己描寫風花雪月的小說能擺滿白兔書店，像名作家尼可拉斯．史派克（Nicholas Sparks）的作品一樣暢銷。總之，在五月末的炎熱天氣下，我駐足於令我微笑的回憶。這件事從不容易，英文單字「nostalgia」（鄉愁）源自於希臘文，意思是「回家」和「痛楚」，這是一種讓人苦樂交織、又痛又愛的感受，所以我們才會打開廣播，聆聽深深留戀的老歌。

我在校園漫步時心想，駐足過往需要一種寬恕的心態。當年我流連在白兔書店的書架之間，望著彷彿永恆的大垃圾箱，心頭有某些激動情緒，一度占據生命很多部分的情緒。我應該了解曾深深在乎這些事物的我，她是我的一部分。現在的我來自於當年的她。當我了解她，活過的人生時光也就變得更悠長，不再是遙遠而零碎的分秒。

週六，我穿著一九九七年的衣帽站在台上，面對一張張閃爍耀眼的臉。他們是曾經的我，在這當下所剩的時間多過回憶。至於我，很快回憶就會多過時間——也許已經是了。我告訴他們要讓人生值得珍惜回味，**每天做些值得珍惜回味的事，這是唯一不讓時間從指縫中溜走的方法**。我們要把握時間徹底地活，知道自己時間花在哪裡，於是在回顧之際，可以好好珍惜，真正明白自己是誰。

第 3 章

# 別把時間表塞滿

一小時——為何空白的一小時無從衡量！一小時延長為永恆，像通往夢魘無止無境的道路，又在她面前裂開，成為一道滑溜溜的深淵。她開始緊張，不清楚該如何將之填滿。

——作家伊迪絲．華頓（Edith Wharton），

《暮光之眠》（*Twilight Sleep*）

# 高效能人士喜歡為時間表留白

前幾天，我不知怎麼忽然讀起肯．布蘭查（Ken Blanchard）和史賓賽．強森（Spencer Johnson）合著的《全新一分鐘經理》（*The New One-Minute Manager*），我想這一定是有人在書籍出版時寄給我，而我因為出於拖延開始整理東西，在搖搖欲墜的成堆書山裡發現了它。

我想大多數人從這本長銷書學到的一大啟示就是，主管該找出下屬做得不錯的地方並稱讚他們，然後神奇的是，他們會因此有更多不錯的表現。

我倒是更注意兩位作者怎麼描述出色主管的行程表。有位年輕人想探究管理的祕訣，聽說有位高手很懂，於是「他滿心好奇，打給那位企業主管的助理，想知道能否約時間討教，沒想到助理立刻把電話轉給主管本人」。[1]年輕人詢問何時能登門拜訪，並認為那位主管一定忙得分身乏術，結果卻不是這樣，「那主管說：『這週每天都可以，只有週三上午不行。你選個時間吧！』」讀者當然會很好奇，為什麼他的時間這麼自由？

或許該問個更好的問題：要如何這麼自由？若只說一般上班族沒那麼輕鬆，未免還太過輕描淡寫了。我看過愈多時間紀錄，愈發覺「工作」和「開會安排」密不可分。不少人每天要花六至八小時在見面開會或電話會議，負責多項專案的資深人員尤其如此，獨力進行的工作只能留到晚上或週末處理。至於有空思考的時間，上班期間根本免談。

然而，不是每個人的行程表都滿到爆。我與傑夫．希斯約訪談時間就見識到。

他從國小六年級開始思考行程規畫的技巧，讀過超多時間管理書籍，當初正是他把羅伯特．格魯丁的《時間與生活的藝術》推薦給我。如今他任職於矩陣服務公司旗下的矩陣應用科技公司，公司業務是生產與販售石化儲存設備，他在奧克拉荷馬州的土爾沙（Tulsa）上班，但還負責首爾市郊的生產基地和雪梨辦事處，有三分之一的時間到處跑透透，帶領的員工橫跨多個時區。

他回答我一連串行程管理的提問，與我交換了電子信箱。我詢問能否通話訪談，並心想他也許會答應在幾週後的某天下午三點四十五分，與我進行短短十五分鐘的訪談。沒想到他竟跟我說：「我現在時間很空，不如妳提出幾個中意的時間吧！」

這又是一個「週三上午以外都行」的案例。在我們實際通話時，我忍不住發問，其他在美式企業工作的人，怎有辦法像他這麼有空？

他回答：「這主要是心態問題。我時間多得不得了嗎？唔，我的時間跟每個人一樣多。我想重點在於『怎麼看待時間』。」

在交談過程，我發現他看待時間的方式極為關鍵，他能夠逃脫「忙碌」的陷阱，不像很多人明明希望有時間沉澱，卻總是被行程給卡死。

第一，他真心相信時間很寶貴。不少人自稱相信此事，卻不像傑夫這般認真。他每次搭十四小時的班機去亞洲，一定會做好這十四小時的規畫：從頭到尾先想好，哪時該睡覺、該工作多久、該做好哪些事情、何時放鬆以養精蓄銳。我搭過很多次飛機，看過很多人在其他情況下打死不願浪費完整的三小時（遑論十四小時），結果卻把時間花在跳著看電視節目上；明明花錢購買網路，卻連上新聞網閱讀某布魯克林女子為家中貓咪跟老媽吵架，甚至憤而行凶的報導。就連「高效能」人士也只是把時間花在回覆信件上，而不是做需要完整時間專心處理的事務。

不過說到底，他最大的祕訣是：「我喜歡行程表上有空白。」多數人雖然哀嘆時間不夠，卻並不喜歡有空白時間。我們熱愛把事情列在行程表上，證明自己有在做事，或者像傑夫所說：「大家愛開會只是因為這樣可以顯得他們很忙碌，很有用，很能幹。」任何事只要記在行程表上，而且涉及別人，就自動搖身一變為超級重要——實際上重不重要則另當別論。

如果你想逼自己上健身房（跟教練約好早上七點見），看重行程表當然很好，但這種人性也有可想而知的後果。現在想像一下，有對伴侶正在討論誰要留在家裡，等待水電工來處理那非修不可的水管破洞。那天上午要開三場會的一方會認為自己比較需要去公司，雖然另一方上午也必須解決公事上最重要的難題。經常每天開六小時會的人可能會說只有兩場會議的日子「很輕鬆」，但對方或許沒排會議這類行程，其實仍有要緊事必須處理。

## 沒排行程，不等於閒閒沒事幹

如果你認為有必要讓自己看起來很忙，以充實的行程表向世界證明你很重要，那麼就會一直想把行程塞滿，覺得什麼事可能有趣就列到行程表上，有空檔就答應別人提的事項。人們希望自己能被列進副本轉發名單，沒受邀開會就不爽，並非真心希望行程表有空白，一旦出現了空白時間，便立刻拿起手機查看信件和訊息。

伊迪絲．華頓對人性有一針見血的觀察。[2] 她在一九二七年的小說《暮光之眠》中挖苦對空白的恐懼，故事裡忙碌的女主角寶琳．曼福德（Pauline Manford）永遠有開不完的會，要是與幫傭見面和參加慈善委員會之間有十五分鐘空檔，就趕忙塞進新迷上的靈性追求活動，任何一小時的空白「彷彿世界匆匆前進把她拋下」。光是想到世界沒有自己也會運轉，她「就感到頭腦發昏」。

傑夫並不是這樣想，「就算我的行程表很空，也不表示我閒閒沒事幹。」

依賴會議的管理文化有其機會成本。當大家整天都安排開會，就會等到開會時才做決定，而那時間可能離現在還很久，畢竟其他人也有一堆會議要安排。傑夫寧可授權給一起共事的金頭腦，讓他們依照具體目標自行做決定（這恰巧也是《全新一分鐘經理》的建議），而且大家必須留出空檔以便找得到人。他沒有成天開會，其他人知道有事可以打電話或直接過去找他，而他已在飛機上做了需要完整時間專心處理的工作，所以歡迎別人臨時過來談談。

傑夫沒有成天開會，所以有餘裕處理員工臨時提出的問題，即使是重大問題也沒關係，來者不拒。從本質來看，開會其實額外浪費了很多時間。無論一場會議需要處理多少事，通常會安排三十至六十分鐘，而且開會前後的時間容易被浪費，比如某人上午十點要開會，大概從九點四十五分開始就不會做需要費神處理的事，而開完會後又會進行例行公事：查看信箱，順便瞄一下喜歡的應用程式，因此一小時會議很容易占掉九十分鐘。如果下一小時又有另一場會議，兩場會議之間大概只有不到三十分鐘可用。

這本身形成惡性循環。別人認為你沒開會就不會工作，所以靠排定會議逼你完成工作。他們把事情留在會議上講，原因是認為你不會讀信，而不讀信的原因在於你要開很多會，多數信件都是在排定會議。

為了打破惡性循環，你必須有意識地不把行程排太緊。傑夫說：「這跟水一樣，有空隙就會流過去。你必須很勤勞地說：『今天不行。』」他會向人表示彼此不必會面；如果認為別人能把事情處理好，則婉拒開會的提議；別人不必預約就能直接打電話給他；如果是在走廊上碰到時談個五分鐘即可解決的事，就不要約兩天後一起開三十分鐘的會來處理。

這些做法也許有些冒險，但傑夫發覺看似不太忙還不錯，並且有意外的好處，例如：別人會向他提新專案。事實上，當初母公司之所以把全球業務分派給傑夫，正是因為他看起來好像有餘裕應對。

每個人都能把時間塞滿，但有些高手選擇不要塞滿——無論在工作或家中都一樣。傑夫說：「重要的不只是說『好』，還有說『不』。」

## 行程表上只有令你「怦然心動」的事

本章主題是談論「留出空白」。前一章我們談到探險使生活值得回味，記憶使時間延長。問題在於我常認為自己週一晚上沒時間跳騷莎舞，因為有太多事情要忙了：未讀信件愈來愈多，同事提出要求，家人也提出要求——或者至少看起來有許多其他事情要忙。但事實上，未來是空白的。

當我週一上午打開新的試算表，代表下週的檔案裡有三百三十六個「三十分鐘」空格，最後這份檔案將會被填滿，然後我再迎向下一個一百六十八小時。無論你相不相信命中注定，從人的角度來看，最好還是把未來看作一堆可能性。

各式各樣的事情會發生，有的機率極高，有的機率極小，取決於世界更大的外力、過往的決定、承擔的責任、計畫、渴望及生物需求等因素。

這些事情都占時間，但有時我們對未來的認知太過根深柢固，因此變成被絲線操控的人偶，擺布著一個又一個動作。我們對這些認知太過熟悉，彷彿事實，所以不去質疑，卻忘了接下來的一百六十八小時絕少必然，並不是一〇〇%無可動搖的機率。我無法掌控信箱會收到什麼信，卻可以掌控是否整個週三都拚老命地即時回覆別人的信件，或是體認到回覆信件會占掉所有時間，不如先慢慢吃一頓午餐，到美術館看一看展覽。很多事都能被延後，甚至都只是加諸自我的要求。在一個工作坊上，某職員分享自己手機每天二十四小時不離身，結果主管告訴她，雖然他可能在晚上九點寄信給她，但並不表示需要立刻回信。

**時間管理高手很小心，他們不讓寶貴時間被不夠好的方式占用，知道「沒有」可以勝過「有」，留白的行程表能迎來其他機會。正因明白時間寶貴，所以選擇留白，反而因此感覺時間很多。**

現代人對「清理」想法的轉變，也許正清楚反映了這種心態。過去二十年，電視節目和報章媒體都鼓吹清掉物品的快樂，但近年來日本簡化大師近藤麻理惠一炮而紅，從根本上翻轉概念，她在《怦然心動的人生整理魔法》裡寫道，不只要丟掉不喜歡的東西，更要只留讓自己「怦然心動」的東西。[3]

我承認自己對這種整理收納的狂熱抱持複雜的情緒，從我工作室裡成堆的書本可見一斑。不過談到行程表，從空白角度來衡量還真是有用。你要忘記沉沒成本（像是「我們已在這案子上花了三週，不能現在喊停」），忘掉趁洗澡時清理淋浴間來省時，忘掉在煮義大利麵前先泡水，忘掉各種雜誌分享的省時小訣竅……如果行程表上只有令你「怦然心動」的事情，那會是什麼模樣？

從實務面來看，這似乎不可行。就連為自己工作與家財萬貫的人，還是得面對無趣的事。我討厭看牙醫，但只要牙齒長在嘴裡一天，可就逃不掉。

不過這仍然是個值得追求的理想。要是你對行程安排有多點勇氣，持續做出聰明決定，就能得到各種思考、創新和體驗的時間。時間有更好的用法，你不必拿討厭或瑣碎的事去塞滿它。

# 為工作設定時限，擁有更多自由時間

在我時間日記調查的那個三月週一，每個人都有二十四小時要花。時間感受得分前二〇%的人比倒數二〇%的人花更少時間工作，這大概不令人意外，不過差異可能沒你想得大。所有人平均工作時間是八．三小時，最感覺沒時間的人是工作八．六小時，最感覺有時間的人是工作七．六小時。

無論時間感受如何，絕大多數受試者一天的工作時間都落在七至九小時，而這一小時的落差可能就左右了人對時間的感受。然而，八．六小時實在不算特別長的工時，跟平均值八．三小時更是差異不大，所以我不確定「瘋狂工作的人感覺時間較少」這種顯然的解釋是否為正解。

反之，我針對時間紀錄和效率高手加以研究後，認為應該反過來才對。

在正常工時內，專業人士有很多運用時間的選項。就如第一章所說，時間感受分數高的人比較會預先規畫日子，而這做法提高了效率。在精神最佳時刻處理最棘手的工作，意謂著一項事務可能是花一小時而非兩小時，如此就立刻替一天賺到一小時。

計畫一天的休息時間也有類似功效。舉例來說，在午餐時間散步半小時有助於頭腦清醒，使下午更專注。當我們頭腦沒昏沉到把同一封信件連讀六遍，自然不用熬到很晚才能把當天的工作做完。

研究時間紀錄帶給我的啟示是，時間感受分數高的人選擇不把時間塞滿，所以工作時間較短。他們可以塞滿，純粹選擇不這樣做。

《企業雜誌》（*Inc.*）為了二〇一七年四月號的內容，找我去研究八位知名企業創辦人的時間紀錄，時間是二〇一六年十一月二十九日週四。

一般認為企業家應該是日以繼夜地拚命工作，但這些企業家大多工時合理。艾力克西・奧漢尼安（Alexis Ohanian）是熱門論壇網站Reddit的共同創辦人，在這一天他開會四・五小時，工作四小時，工作時數共計八・五小時。艾瑞克・萊恩（Eric Ryan）是清潔品牌美則（Method）的共同創辦人，現在是設備公司Olly的執行長，他在這天工作了八小時。辦公軟體Slack的技術長卡爾・漢德森（Cal Henderson）甚至只工作七小時。

基於比較，我找出自己的紀錄，在這天是工作九小時，不過我沒理由會比這些企業家更忙。

**時間是個選擇，工作時數與你能做多少事通常無關。**

這些成功企業家選擇不把時間塞滿。卡爾・漢德森的時間規畫尤其明顯，他公司以設計效能軟體起家，而他也把個人時間做了清楚規畫，例如：走路上班時以二至三倍速聽有聲書，因為這習慣而在二〇一六年讀了七十多本書。我知道大家對這種善用時間的招數很感興趣，但他在上班期間展現了更重要的時間運用策略。關於會議，他認為「開會很容易占滿時間」，所以強調議程，而視訊會議畫面會顯示十分鐘倒數，讓大家準時結束。他還說：「我在兩點半休息了一下。我喜歡一天下來有幾次透透氣，覺得能有幾次半小時的休息還不錯，壓力會比一直連續開會少很多。」雖然他抽空休息，仍能把重要的事情做完，在下午五點離開公司，晚上陪伴妻子和二歲的兒子。

**時間紀律帶來時間自由**。漢德森很有紀律，不必把時間塞滿，就能有效管理一間持續迅速改變的公司，還有時間聽有聲書，做運動，享受天倫之樂。

我懷疑現實情況並非人人必須長時間工作，然後感覺沒時間。有些人為了確保自己有時間做想做的事，因此做好時間規畫，並有效率地把事情做好。

前面提到的時間感受調查顯示，許多得分最高的人在晚上有精采活動。如果你排定晚上八點去拜訪朋友，就會在白天迅速處理完各封信件，而不是覺得後面還有好幾小時能處理。一位調查受試者說：「如果我忙著做自己愛做的事，當別人叫我做不愛的事，我會忙得無法答應。」**為工作設定時限，有助於我們真正擁有更多自由時間**。雖然有些人容易做到，有些人難以做到，但既然你有辦法拿起這本書來讀，我猜你行的。這是你的人生，要大膽一試。

而清理行程表對這種心態有幫助，要如此做則有賴於聰明策略。我研究時間感受分數高者的時間紀錄，並找他們訪談，從而發現了三種時間自由的策略：「**宣告時間自主**」、「**創造時間股利**」，以及「**克服對無聊的恐懼**」（**很多時間都浪費於此**）。

## 宣告時間自主：替未來施行大赦

如果你覺得自己愈來愈忙，有個認知將能讓你脫胎換骨：事物多半短暫。我們往往想著怎麼展開新計畫，而沒有思考計畫該如何結束，結果導致許多事堆積如山。即使各項計畫都不賴，卻妨礙了我們更大的目標。

該怎麼解決這情況？不妨宣告時間「大赦」，就像《聖經》裡提到的，所有債務每過五十年就一筆勾銷。在跨年或其他好日子，你要宣告已經完全自主，意即除了你自己、家人與需要實際照顧的寵物外，其他都是身外之事。若因為有些責任無法立刻拋開，也可以替未來施行「大赦」，從三至六個月後回頭看，一切都沒那麼迫切，你可以思考什麼該捨而非什麼該留。出於向近藤麻理惠致意，現在有「近麻理」（KonMari）這個動詞，可以說你是在「近麻理」你的行程表。

如果你在讀完第一章後有開始記錄時間，不妨從這觀點去檢視。現在什麼事占掉了你的時間？你對每件事要問自己：「我背後的目標是什麼？」這聽起來像是大哉問，好像寫墓誌銘似的，但也可以不那麼高深。平日煮晚餐時問自己：「我背後的目標是什麼？」儘管快累趴了，仍從晚上十點半整理信件到十一點時，問自己：「我背後的目標是什麼？」週二早上有例行的晨會，由你負責主持，大家無精打采地魚貫入場，標記出又一個一百六十八小時過去時，不妨提問：「為什麼我們要這麼做？」

背後目標不見得要很大。我們在十月種鬱金香球莖，四月就能欣賞燦爛花開，這就是很好的理由。在很多情況，理由可能是「我一直是這樣做」。慣例有其重量與舒適，但我們的目標是意識到這份重量與舒適。若你想不到去做某事的好理由，也許該將它歸到「丟棄」類別，就算頭腦裡有小小的聲音說「大家都這樣做」，也不要理它。

時間是個選擇，你要認知到自己必須面對選擇的結果。**時間多得不得了的人知道，很少事情是一定得做的**。有些人以各種方法讓自己可以不被逼著去做事，其中一個策略是建立財務的緩衝餘裕。如果你是想要工作而非必須工作，將會自由許多，而這種心理餘裕通常能讓工作做得更好。

就算不是很有本錢，稍微正視現實就能明白：我們沒有自己所想那般重要。無論大多數人怎麼用時間，地球依然兀自旋轉。

另一個想法是：凡事皆有終點。之後終究會有個不開晨會的週二上午，而在那之前，大概也會有個不是你主持的晨會。問題在於：「還要經過多少個週二上午，那一天才會到來呢？」

我們能靠這種往前看的態度，小心決定是否答應某些事情，因而得到很多自由時間。我們習慣讓未來負擔過重，其中一個原因是「把未來的自己當成另一個人」。我們覺得他不會在意——至少不像被寵壞的經歷自我那麼在意，因此認為：「十月的我做得到，十月的我沒那麼忙，十月的我完全能做好！」但由於沒有替未來施行「大赦」，十月的行程表與現在幾乎一模一樣，依然塞得爆滿，於是又往後拖延。

在答應未來的事情之前，一個比較好的問句是：「**我明天會想做嗎？**」你會抗議：「當然不，明天很忙，行程排很滿！」這是很能理解的，那麼你想做嗎？會把其他事情挪一下，以便抓住這機會嗎？

如果想，那麼十月的你也會躍躍欲試；如果不想，也許拒絕會更好。

你也能靠著檢視輕重緩急來生出空間。當你在週五下午規畫下一週，看一看別人提出了哪些事項，看一看你曾覺得做哪件事還不賴，然後思考哪些能刪掉，你會發現答案可能比想像中還多。如果你覺得某個事項不值得耗掉一小時，不爽某段時間被占掉，則也許該取消掉，明白後最好提早下決定，這樣別人也能重新安排其他計畫。

如果是無法取消的事，或許可以想辦法縮短。根據行程表，你在週二和週四要跟同一個人討論不同的事，但如果在週二火力全開，或許能把兩件事一起搞定。這種處理方法很直截了當，不過人一旦太忙，甚至不會去檢視後面的安排，只是從一個會議趕去下一個會議，像學生從一堂課趕赴下一堂課，認為這樣就能統統搞定。於是到了週四，你跟週二見面的那位仁兄大眼瞪小眼，困在灰色的會議室裡，心裡覺得自己真該死，明明外頭是美好的春天，你怎麼沒提早做完工作，用空下來的時間去跑一跑步。

即使無法把一件事取消或縮短，我們也能用創意安排以減少負面的心理影響。前面提到會議之間的小段時間很難妥善利用，與其把會議排在上午九點、上午十一點和下午一點，不如統統排在下午一至四點（中間可預留少數空檔，以免趕不及），這樣上午八點到下午一點的時間就能被善用。週末時間也一樣的道理，你可以把各種雜事或家務擠在週六上午，其他時間就能自由運用。

## 如果工作無法有更好生活，也是浪費時間

當你宣告時間自主時，記得要質疑一切。人們很習慣拿各種說法來告訴自己事情該怎麼做。

「如果我不接這個討厭的外快，損失的收入永遠補不了。」

「如果主管出現時我沒表現出很忙的樣子，那就等著被開除吧！所以最好還是在她早上過來前先到。」

「這裡中午沒有人休息，所以我也不行。」

「每個人都知道，一週工作七十小時才能成功創業。」

前述許多說法都禁不起檢視。除非你真的被鎖鏈跟桌子銬在一起，否則大可出門透透氣；就算家裡一團亂，你累了還是能上床睡覺；你不必每晚替小孩洗澡；你可以把大量事情分工或外包；你可以不做某些很耗時的工作，例如：替家人整齊放好抽屜裡的衣物、編寫部門電子報……接著看會發生什麼事，也許大家能因此學到一課！

而我認為是「你」能因此學到一課，因為別人最可能的反應就是「毫無反應」。

每個人都活在自己的小世界裡，許多人誤以為別人很在意自己，但事實並非如此。你的主管很忙，根本不會在進辦公室時算有多少人坐在辦公桌前，她也在擔心要怎麼取悅自己的頂頭上司，才不會管每個下屬是花三十或四十分鐘吃午餐。多數客戶沒在算你多久才回他們的信，像我有次自認隔了太久才回信，對方竟回覆：

「謝謝您迅速回信！」

同理，家人也許不會注意到你為他們做的多數事情。有位父親最近跟我說，某天他照常洗衣服時，發現十一歲的兒子沒丟出多少衣物，於是去查看是否有髒襪子或髒內褲藏在哪裡，結果沒有，原因就像某些父母所猜測：他兒子並沒有每天換襪子和內褲，顯然不太在意父母是否即時提供洗衣服務。

儘管如此，當你決定不再做某些事時，確實可能會遇到阻力。無論在職場或家庭，想宣告自主都不是容易的事，否則人人都會去做。大幅清空行程表是件苦差事，如果有人反彈，你要當成是在協商，請對方開條件。如果條件不錯大可接受，但若你檢視後發現自己願意付一大筆錢推掉某件事，那就應該推掉——無論是否會因此損失一大筆錢都勢在必行。

每當我碰到有人宣告時間自主都很佩服，原因在於他們認定了時間很寶貴。不過有時生活中的重大轉變會逼出這種抉擇。

戴蒙．布朗（Damon Brown）以出書和演講為業，還是個企業家，在二〇一三年當上新手爸爸。他太太從事有醫療保險的傳統工作，但兩人希望其中一人多數時間待在家裡，於是他決定擔任這角色。我本身是從事自由業的家長，深知不請保母會很難工作，照理說這代表戴蒙得放下一部分事業的雄心，不過當時他有幸得到許多機會，也想好好把握，所以就趁寶寶睡覺時努力工作，趁太太在家時工作，每週排出十五小時的工作時間，嚴格挑選那段時間值得做的事項，列出自己每天要達到哪些跟寶寶無關的目標，沒列進來的就不做，於是去蕪存菁，只列最重要的事項。

他持續進行這項計畫，並指出：「好幾個月後，我赫然發現自己其實很有效率！沒做的事並不重要。」既然不再有時間做某些事，那就放掉吧！列出短短的事項清單使他明白：「我做的所有事情不是那麼讓人喘不過氣。如果喘不過氣，就是我做太多事了。」一天處理三件重要事項，一週就處理了十五件重要事項，一年就處理大約七百五十件重要事項。

布朗確實做了很多事。他上TED演講，創了兩個事業，其中一項是成功收購（即是在媒體上爆紅的應用程式Cuddlr）。他從中學到一個啟示：「重點不是我們真正有多少時間，而是我們對時間的看法。」

當然我是不建議把週工時減少到十五小時，甚至某些人認為可能的四小時。不過即使每週工作四十至五十小時，只排十五小時做事也許有些好處。就像傑夫・希斯那樣，當你看起來沒那麼忙碌，公司也許會給你某些好機會。

我不太確定前因後果。也許是你對行程感到放鬆，在別人眼中看起來游刃有餘，於是想要與你共事。或許你不必趕著做下一件事，於是有空跟各種人多聊聊天，進一步得到了新機會。

總之，你要是一副沒空接其他工作的樣子，大概也不會得到其他工作。這種忙碌可能還讓你不主動尋求好機會，所以弊大於利，適得其反。

稱一件事為「工作」，並不等於你花的時間很有意義，**如果工作無法帶來更好的生活，依然是浪費時間，而我們時間有限，逝去的時間無從復回**。莎士比亞在劇本《理查二世》（*Richard II*）中寫道：「從前我虛耗光陰，如今光陰虛耗了我。」實現時間自由最快的方法，就是不要認定所有叫「工作」的事都重要。

## 創造時間股利：用現在做的事替未來留出空間

布朗把自己為事情排定優先順序的過去四年稱為「這輩子最有效能的時期」。不過有件事不得不提，他在兒子出生後能每週工作十五小時的一個原因在於，先前他每週工作五十小時，以此提升能力與建立人脈，他說：「我最基本的工作已經做了二十五年，所以完全知道需要多少素材和資料，就像老工匠知道製作桌子要用多少木頭和釘子。」這種知識需要日積月累，很多工作熟能生巧，比較能輕鬆做好。經驗「使你比較容易掌握時間和精力」。

布朗有個見解：「現在我們做的某些事，能替未來留出空間。」這種時間的投資一再得到回收，就好像每年發放股利的股票。那些感覺時間很多的人，通常會設法創造時間股利。現金股利使人有錢，時間股利則使你有閒。

時間股利有很多種形式，影響最大的其中一種是「訓練一位好助理」。然後當你度完假回到家，等待你的不是一大堆信件，而是單單一封來自助理的信件，其中扼要列出這段期間的來信內容，一切由他代勞處理。

在某個領域取得專家之名，也會帶來很多時間股利。因為研究與寫作需要時間，而潛在客戶會因為你的名氣主動上門，這可就比你花時間去找客戶，還得以三寸不爛之舌推銷來得有效率。

在自家打造工作室，並向公司提出偶爾在家工作的要求，這可得費一番功夫，不過每週能省下一至兩天的通勤，把時間留給各種事情。

如果你常收到來信請益的信件，不妨花一小時列出各個常見問題的答覆，之後再有人來信詢問，就回覆這份常見問答，請對方若有問題歡迎再問（有意思的是，多數人都不會再問，而會進一步提問的人，通常值得與他會面並傳授幾招）。

任職於商業保險業的羅伊．菲利浦告訴我，他因為業務工作的緣故需要大量出差（二〇一五年有一百二十個晚上出門在外）。當他去到某個城市，總是把會面訂在相同時間：上午九點、上午十點半、午餐、下午一點半，以及下午三點，跟他一起的人都知道會這樣安排。如此一來，他可以把時間花在準備工作上，而不用費心去記今天是九點半和十一點四十五分要會面，或那是明天還是後天的行程。

在家庭方面也能創造時間股利。很多聰明的家長發現可以教十來歲的孩子煮東西。一開始要花時間訓練，還要提醒孩子把食材列入採購清單，但之後很多年你就不必在週一或週二晚上下廚了。

另外，積少成多也挺不賴。跑者花時間提升跑速，也許能從每一．六公里跑十一分鐘縮短為十分鐘。如果一週跑四十公里，則能多出二十五分鐘用於伸展或重訓。

你可以把鑰匙、太陽眼鏡、手機充電器和捷運儲值卡放在固定地方，每多花一秒確定東西有擺對位置，就能省下找東找西的十分鐘，也許能因此免於遲到。

為了讓生活多出這一類的餘裕，你必須研究自己是怎麼運用時間。每做一件事時，要問自己兩個問題：

- 我會再做這件事嗎？
- 如果會再做，能用什麼方法或系統讓下次做得更快、更好？

好消息是，只要熟能生巧就會有些時間紅利，就如戴蒙．布朗的分享。他起先每當想在商業刊物發表文章，就得找對的對象，希望對方回覆。連繫上後他會問很多問題，明白有些素材不能用，而稿子也許需要經過多次修改，才能從對的角度切入。多年下來，現在他知道該找誰，也知道哪些內容可以寫，而演講稿同樣要花很多時間撰寫與記憶，但他建立起演講事業後，有些素材就能重複運用。

有時人生會逼我們找出時間股利，就像戴蒙．布朗那樣。不過情況通常沒這麼戲劇化，你多半不見得會發現自己在某方面「節省」了時間。因此，如果你想擁有更多時間，別只是想方設法創造時間股利，還要留意自己曾不經意創造了哪些時間股利，然後為此開心慶祝一下。

我每兩年左右替一個孩子註冊學校的經驗就是如此。我們搬到賓州郊區的一個重要好處在於，孩子能就讀附近很好的公立小學，不必擔心要抽籤、候補、入學資格考試或申請私立學校。二〇一二年初，我到地方辦事處繳交大兒子的出生證明、預防接種表與我的稅單。二〇一五年和二〇一七年，我又各跑了一次相同流程，如果沒有意外，二〇二〇年還要跑第四次。這個流程總共只要一小時左右，其中包括開車往返的時間。相較之下，其他友人說申請私立小學的過程像是做兼職工作一般，常要耗費好幾個月，更別提還得花更多時間賺學費。我從沒因為幫孩子註冊而整週無法工作過，但若住在原本的地方，這可能無法避免。

## 克服對無聊的恐懼：拋開手機

各種事情都能塞滿我們的時間。忙碌工作和效率低落當然都是凶手，但在我看來，最糟的莫過於使用現代科技的習慣。我們在等電話、等火車或等過馬路時，通常會做些什麼？拿出手機努力打破無聊，填補這段時間。一個廣為流傳的調查指出，社群媒體的用戶平均每天花一百一十六分鐘在這些網站上。[4] 如果這個數字正確，那可還真驚人，畢竟二十五年前可沒有這種花時間的方法。這些時間是從哪兒來的？我不知道。時間會自己跑到人們感興趣的事物上。

更大的問題在於，這些時間並不連貫，而是分散在一天當中，似乎讓休息時間變得有在工作（人打開手機時常會查看信箱），事實上並非如此。跟什麼都不做相比，這種行為似乎比較有產值，但其實往往讓效率更糟。

要避免這種殺時間的行為需要紀律，不過若你希望自己時間多得不得了，這可能是最好的方法。

我從時間日記的研究裡清楚看見這件事。我請受測者估計最近有多常在清醒時查看手機，結果時間感受分數前二〇%的人平均每小時看手機五・三五次，後二〇%的人平均看八・五次。至於最後三%的人，每小時將近看十三次。

這項數據可能另有因果關係（而且估計不等於實際紀錄），或許是忙碌的人為了查看信件而查看手機，而工作比較不繁重的人覺得沒必要那麼常查看信件。不過另一個研究則發現了某種因果關係。在二〇一五年《人類電腦行為期刊》

（*Computers in Human Behavior*）的一篇論文中，[5]研究人員請一組受試者每天查看信件三次，另一組隨時能查看信件，一週後將兩組受試者互換。研究結果發現，同一個人在較少查看信件的情況下感覺更放鬆。照理說好幾小時不查看手機，應該會有擔心漏掉事情的壓力，不過研究結果卻不是如此。

我傾向認為網路本身就帶來焦慮。我詢問調查對象平日上床睡覺前最常做什麼，結果發現時間感受分數最高的人較少上網或查看社群媒體，機率比時間感受分數最低的人少一半。他們更可能閱讀，或是把時間留給現實生活的朋友或家人，而不是滑社群動態。跟時間感受分數最低的人相比，時間感受分數最高的人自認花在社群媒體或網路的時間差不多只有一半，比較不認為有必要這樣塞滿時間。他們知道與其上網讀〈大幅提升效能十三招〉，不如坐下來好好思考，對人生更有幫助（坦白說也會更有效能）。

現代人既然覺得很忙碌，又沒法做好事情，原因出在我們變得需要持續的刺激，喜歡連上網。因為這是很容易取得的娛樂，讓人不必另想辦法找樂子。

不久前，我在兒子山姆的比賽上思考這件事。那是個美好的春日，球賽進展並不緊湊（小孩的比賽尤其如此），大家不太會擊球與接球。我是獨自一人（這超讚！）不需追著其他孩子跑，原本可以去散步，像約翰．濟慈（John Keats）的〈怠惰頌〉（*Ode on Indolence*）那樣「閑躺於繁花的草地」，也能盯著白雲思考或放空，但我卻跟其他家長做著相同的事：滑手機，刪掉別人替我訂閱的電子報通知，不斷讀著一成不變的政論文章。

為什麼會這樣？竟忘記假裝有在注意孩子比賽；其實山姆在跟同隊的外野手聊寶可夢，也沒注意比賽。事實上我是因為覺得很無聊。我不夠有紀律，沒能以思考代替無聊，就算有了時間，也選擇靠手機裡的爛內容來殺時間。

這看起來無傷大雅，但問題在於，我們因此沒意識到空檔的存在。空檔被無端耗掉了。不對，我不是在春陽和煦的週日下午好好放鬆，而是……在工作？在閱讀？在經營我的個人品牌？還是在幹麼？於是我們相信了「我沒時間」這個謊言。

不要相信它！事實上，即使只是花十分鐘盯著天空沒事幹，這樣就可以感覺很漫長，至於是愉快的漫長或難熬的漫長，則取決於你的態度與想法。在伊迪絲．華頓的《暮光之眠》中，忙碌的小說女主角寶琳．曼福德煩惱「一小時對思考來說太長了——對什麼來說都太長了。多年來，她第一次有自己的一小時，完全不知道該拿來幹麼，從來沒人想過要教導她」。

但我們能教導自己。有時不妨試一試，起初只邁出一小步也無妨：

- 跟朋友在一起時，把手機調成飛航模式。
- 去巷口的商店買東西時，把手機留在家裡。
- 放下這本書然後深呼吸，看一看美麗的事物。

如果你是嘗試第三個方法，將目標設定至少進行十分鐘。你會感到時間飛逝嗎？大概不會。當你拿起手機查看時間，我猜上面應該還沒過十分鐘。

一開始大概會覺得空閒時間很難熬，但我敢說你的世界在這段期間沒什麼改變，地球照樣運轉。也許這種飛航模式可以更久，一小時、兩小時，甚至一整天。最近，我主持一個網路研討會，有些人佩服某位同事每年夏天都會過一週完全斷網的度假，並不擔心有急事。我想起四年前就討論過他了。過去幾個夏天，大概有過急事，但現在沒人記得到底有過哪些急事。只有這位同事度了假，那幾週無疑有空做他想做的事。

瑪莉・奧利佛（Mary Oliver）有首詩叫〈夏日〉（*Summer Day*），談論的正

是這種精神。[6]人們常引用最後一句：「告訴我，你要拿寶貴的狂亂人生做些什麼？」在一個沒做什麼大事的美好日子，答案在思考間冒上心頭：跟昆蟲一起蹲在草地上，感受閒散和幸福。「告訴我，不然我還該做什麼？難道萬物不是終歸一死，而且太過匆匆？」

**「有在忙」不見得好過「沒在忙」**。刪信件這種沒意義的事，就放著吧！拋開手機，別塞滿時間，而是留出一些時間。雖然我們終歸一死，但至少死亡前的時光能像夏日陽光一般豐盛。

第 4 章

# 悠遊，讓生活不匆忙

當下是什麼？當下在我們的指間消融，在我們抓住前飛掉，在成為當下之際就消逝了。

——哲學家暨心理學家威廉．詹姆斯（William James），

《心理學原理》（*The Principles of Psychology*）

## 悠遊不是享受每一刻，而是關注喜歡的事

著有《如何當個快樂家長》（*How to Be a Happier Parent*）的黛兒・安東尼亞（KJ Dell'Antonia）常替《紐約時報》寫稿，她和丈夫住在新罕布夏州鄉間，養育了四個很會打冰球的孩子，由於冬天有很多練習和比賽，經常需要冒雪開車，來往於新英格蘭地區各處球場。

冬天加上陌生地方，總是容易讓人陷入匆忙與遲到，長年來她總是如此，不過在幾年前終於擺脫了壞習慣。這有賴於學習正視現實，她說：「遲到是你沒把孩子們會做的事納入考量。」孩子一定會想拿某些器材，然後想到需要上廁所，結果上完後直接走出家門，忘了帶某個重要東西，等車子開了十幾公里才忽然想起。為了不再遲到，黛兒開始思考哪些必需物品可以先放在車上，當孩子們逐漸長大，她把話說清楚，希望他們把東西都帶好，車子不會掉頭。此外，她會提早很多時間出門，不再試圖在出門前塞入某個家務（像是清空洗碗機）。

這樣很好。她喜歡準時與早到，而非老是匆忙進入會場，邊道歉邊說自己迷路沒找到地方。到了二〇一七年，她決定加入其他部落客的行列，為那年想一個代表

字詞，用以影響自己的決定並強化好習慣。她說：「我想不再匆忙。」並要選一個字詞來總結新的生活方式。

該選哪個字詞呢？

這出奇困難。黛兒說：「多數與花用時間、放慢腳步有關的字詞，意思都偏向負面。」不管怎麼從文化面去看，她還真沒講錯，「磨蹭啊，胡混啊，都是負面的，常被說給不聽話的小孩聽。」

她想過使用「臨在」，但概念不太符合。她也沒有要**「享受每一刻」**——**這是個令人洩氣的目標**，「我眼前浮現的是，在超市有人拍拍你的頭說：『要享受每一刻唷！畢竟光陰似箭啊！』」但人不可能享受每一刻，像照顧四個孩子就三不五時令人頭疼。她解釋說：「我是想享受『享受』的時刻。」

最後黛兒選了「悠遊」，認為悠遊是倉促的反義詞，而且感覺比磨蹭、胡混來得成熟與奢侈。**悠遊不代表沒事好做或推託逃避，而是有重要的事做，用上值得的時間**。她在播客節目和部落格宣布二〇一七年為「悠遊年」。

當然，選出年度代表字詞是一回事，日常實踐則是另一回事，不過黛兒找到了幾個實用的訣竅，能在往來比賽地點和生活節奏之間悠遊。

首先，如果對某件事樂在其中，她就會多多去做。他們一家大部分晚上會一起吃飯，但所謂的「一起」，其實是大家在練完冰球後輪流上桌。她說：「我特別花功夫多待第二輪，發現這能鼓勵其他人坐久一點。我們就只是坐在那裡，但感覺還不賴。」他們聊白天的事，聊冰球的事。投入聊天好過忙著洗碗。如果她讀某篇文章讀得津津有味，就會一路讀完，而不是心想：「這文章很長，我是不是該做別的事？」

第二，她學著把載孩子去比賽視為悠遊的機會。她認為既然花時間去到某個地方，就在那個不太熟悉的地方四處看看。至於在陌生地方能發現什麼？他們在曼斯特發現一家巧克力店，現在只要去那地方比賽就會光顧。也許在店裡慢慢逛，問些問題，得知店主所有巧克力是手工製作，而且各種特殊口味只推出一次，因為希望求新求變。他們還會找不錯的書店。黛兒不會設法把其他事塞進同一天，而是心想：「我們做這件事就好，花多少時間都行。」

最後，她學著轉換心理。「大腦自然會關注負面。」她說，沒人想被猛獸吃掉，所以老祖宗在野外活動時保持高度警戒，但這樣的結果讓她「一路開著車，咬緊牙關，肩膀高高聳起」，這又是何苦？如果尚未遲到，也沒人催促，那麼她會告訴自己：「等一下，沒事的啦！」

沒事的啦！有時你真的要如此提醒自己。沒事，你可以悠遊一下，享受真正享受的時刻。「這樣確實有幫助。一部分的我總是在想：現在我該做什麼？下一步是什麼？我該做什麼？如果答案是『悠遊』，那就是好答案。」黛兒說。

## 悠遊，就是感受當下，但不必割捨過去和未來

老實說，我也跟黛兒一樣會咬緊牙關。開始研究時間感受後，我發覺自己常想著距離下一件事還剩多少時間。有時這可以理解，像是需要準時赴約，但我發現有時明明就沒什麼問題，距離下一件事的時間很明確，卻還是會這樣想。

舉例來說，某次我搭機前往加州，不知為何一直想著這五個鐘頭還要多久才結束。我無法讓飛機飛得更快，降落時間一清二楚，接機的人會按時準備好，而且這個晚上我沒其他事情要做，手上有一本好書，不必叫坐不住的孩子安靜，肚子不餓，也沒有精神不濟，沒有太多不適。雖然我更想坐在能伸伸腿的舒服椅子，但我

跟空服員點了一杯味道還行的紅酒來喝。一切真的沒什麼問題。

所以為什麼我沒有感覺更快樂一點？

其實要樂在當下並不容易。第一，就像威廉．詹姆斯所說，當下倏忽即逝，在我們的指間消逝，想抓住就溜走。這種費解很引人好奇，當下的長度在那時是熱門的研究主題。人腦短暫的工作記憶只有十二秒左右，我們的感官難以分辨間隔小於一秒的兩個事件，當下的長度似乎就是這樣。不過這對現代人來說，就跟「一根針頭上能讓幾個天使跳舞」之類的問題一樣難懂。

總之，你一感受當下，它就變成了記憶，所以真的很難樂在其中。

另一個問題是：我們以有限肉身經歷當下，難以達到完全的至福。

很多喜歡引用勵志金句的人大概把這當成問題，覺得不能好好感受當下真是糟糕，無怪乎不少人在社群動態發布凱蒂．佩芮的歌詞：「我們所擁有的唯獨當下。」不過**享受當下不代表要割捨過去與未來**，這是勵志文章故作有理的錯誤概念。**想到過去和未來，其實對加深現在的感受很有幫助**。

即使如此，要能好好悠遊，確實需要特定的實際做法與心理調適，覺得時間很多的人會以兩種方式面對當下：實際做法是「**預留足夠的時間**」，因此能夠放鬆；心理調適則是「**細品此時此刻**」，雖然當下確實倏忽即逝，才剛來到就過去了，他們仍設法享受。

## 實際做法：預留足夠的時間

首先，在談對當下的感受前，我們先看「準時」這個很實際的主題。對很多人來說，現在總是比他們預計的晚二十分鐘。我通常從人類學角度想理解此事，有時也會從不爽的個人角度去理解——特別是在咖啡廳等人時。

我基本上滿準時的。好啦，其實是常超級早到。許多被歸類為「自律者」的人都很早到。[1]「自律者」一詞出自葛瑞琴・魯賓（Gretchen Rubin）的《理想生活的起點》（*The Four Tendencies*），她在書中把人格傾向分為四大類，自律者對外部期待和自我期待同樣看重，不像「質疑者」和「叛逆者」沒把別人的期待當一回事。第四種「盡責者」則在乎外部期待，不太考慮自我，他們中學時期也許能每天練跑，但成年後自己就不跑了。

自律者知道別人在等待——至少理論上在等待（雖然知道對方常在才剛沖完澡時傳訊說他已經「出門了」）。不符期待讓我們非常痛苦，所以把約定的時間看成沙地上一條不可跨越的線，結果是經常早到得不得了。

魯賓表示她也是「自律者」一員，我想所有寫書談效能的作者大概都是自律者，所以我們約碰面總是很好笑，十點的會面可能九點五十分就開始了。有一次，我跟她都在奧斯汀，打算見個面並在臉書上直播。我們約好在她的旅館大廳碰面，而她在約定時間之前十二分鐘傳訊說：「我在路上了，可能晚到幾分鐘！」我有點意外，不過仍按原定計畫過去，一如往常早七分鐘到。我本來想趁等候時間回覆信件，沒想到兩分鐘後就收到訊息：「自律者又窮緊張了！我會準時到。」接著她在三十秒後走進大廳，我們都比預定的時間還早到。

由於我自己經常早到，一直認為常遲到的人很沒禮貌。他們看重自己的時間多過我的時間，他們讓我枯等，自己卻不必枯等。

現在，我依然覺得有些人是這樣，有些人手不足的服務處和診所也是。某些心不在焉的人明明帶著智慧型手機，戴著智慧型手錶，微波爐上有時間，咖啡機上有時間，儀表板上有時間，甚至高速公路的電子看板上也有時間，他們卻依舊完全沒注意時間。

不過我研究其他人的行程表後，發現還有別項因素。很多經常遲到者是不想讓人不開心。如果跟某人見面花的時間比預期久，他們不好意思直接打斷對方並趕赴下一個約。這其實也算是一種悠遊，但常是分身乏術的悠遊。

遲到的人往往過度樂觀。他們因為曾在凌晨五點出門，只花三十分鐘就到公司，因此認為通勤時間只需要三十分鐘，但忘記平常是八點才出門上班，結果就在路上堵車。過度樂觀也讓人沒把做整件事的時間列入考量。他們大略知道採買雜貨要多少時間，但明明每次購物都要卸貨與歸類，卻沒算把雜貨搬下車的時間，也沒算把雜貨整理歸類的時間。在這種情況下，進度自然時常落後。

樂觀不失為一種過活的好方法。如果眼前的對象確實需要你幫忙，你不顧時間去幫也是好事（不過別人若利用你的善意就不好了），無論如何，這些傾向確實會導致遲到。雖然有些反社會的人覺得遲到是耍弄權力的表現，但一般沒這麼心理變態的人可不喜歡遲到，討厭對同個對象一次又一次道歉，一旦知道會讓別人不爽，就不顧輕重地設法避免，結果也許是在住宅區飆車趕路，因為闖紅燈而釀成車禍。

在某個著名實驗中，研究人員請神學院學生[2]來做一場「談好撒馬利亞人」的演講（在《聖經》中，好撒馬利亞人停下腳步去照顧路旁受傷的人），但研究人員若告知他們演講快要遲到了，這些神學院學生幾乎不會停下來照顧路旁受傷的人。我個人覺得這些研究人員是滿幽默的，而實驗結果反映出的人性則不太妙。

從詞義上來說，自認匆忙的人更可能感覺時間過得太快，而避免忙亂感的最好方法是別再落後。我確實相信許多時候遲到與否是操之於己，大多數導致遲到的原因都預期得到，例如：塞車、找不到鞋子、忽然被同事攔下來聊天，這些是已知的未知。當然，我知道遲到有點取決於別人的觀感，像是在拉丁美洲受邀參加晚餐聚會，「準時出現」大多是一種對主人的不禮貌。若你老是「遲到」，主要原因在於你的預期和表現有落差，不過只要心裡有預期，就表示準時這件事並非不可能。

記錄時間的理由有很多，其中一個是了解時間用量。如果你認為去教堂要十五分鐘，實際上多半需要花費二十五分鐘，這可以說明為何你只有一次禮拜沒遲到（而你一直記得那次）。你印象中的下班時間是傍晚五點半，但時間紀錄顯示你絕少在六點前離開辦公室，這可以說明為何每週二晚上六點半開始的義工活動你老是遲到。

**如果你不想記錄時間，或是正在參與一些新活動，那就預留額外的時間**。在我的研究中，準時者幾乎都這樣做，已經自然而然得習以為常了。

安德魯是尼克森皮巴迪法律公司的執行長暨執行合夥人，他非常準時，從沒錯過任何一班班機，與人約會面從未遲到，之前與我約的幾次訪談都很準時。他說：「我認為這是種尊重。我會早十五分鐘到。」他與助理有一套避免遲到的方法。如果認為三點的會面一定要花一小時，那麼下一場會面至少排在四點半以後，這是從他父親那裡學到的習慣。安德魯的父親是計程車司機，平常塞車已經夠煩了，週末可不想再受交通的氣，如果要帶他去看下午兩點的棒球賽，會在上午十一點就到，因為好處是「不必付停車費」。如今他為了下班能準時搭到火車，每天務求提早幾分鐘離開辦公桌。為什麼？因為他知道在走廊遇到同仁通常會聊上幾句，預留時間才能不匆忙地好好交談。

為多數日常事情預留十五分鐘的緩衝還不錯，不過你若要做很花時間的事，緩衝時間也該跟著拉長。黛兒．安東尼亞原以為去某個冰球比賽地點要開七十五分鐘的車，就在抵達時間的七十五分鐘前出發即可。但光是上車就得花點時間，所以就遲到了，如果路上有其他狀況就會更晚。抵達後還要找停車位，找更衣間，整個手忙腳亂。後來她學到最好提早兩小時出家門，剩一小時五十分鐘要倒數計時，如果路上需要加油或有人餓了，就到便利商店買些健康食物，而不是在加油站隨便買糖果墊肚子。如果早到就先找好更衣室，然後善用多出來的時間，打電話給朋友或讀本書。雖然可能覺得這樣做是浪費時間（本來能把碗從洗碗機拿出來），但有助於時常遲到的人變得準時。

當然，就算把時間預估得很務實，仍有可能遲到。人的心智模式能考量一〇%至九〇%發生率的事情，但不會顧及少之又少的意外。通勤時間可以預估，但我們不會考慮到一輛載顏料的卡車半路翻覆，滿地都是顏料，高速公路因而封閉。慶幸的是，平常如果你都有準時，別人也能體諒你偶爾遲到，因為知道你應該是遇到意外而耽誤了。

如果你的遲到讓人不高興，無論原因為何，都應該表達悔意。最不該做的是「為了省九十秒而置自己與他人於危險中」。先停下車打電話致歉，然後再繼續上路。與其一路上手忙腳亂地遲到十五分鐘，不如冷靜地處理問題而遲到二十分鐘。

## 心理調適：細品此時此刻

前文我們談的是「避免遲到」，不過悠遊的作用不僅是避免遲到（不要明明應該出現在十公里外的會面地點，卻連家門都還沒踏出去），它還關乎如何細品當下，從而延長時間。

細品表示我們不只感到愉快，還能體察自己正在愉快，並加上一層欣賞。從反面來想就知道這樣做能延長時間，當你希望時間過快一點，通常可能會想像自己身在別處；若你希望時間過慢一點，就會好好待在那裡。在我的調查中，非常同意「我前一天專心細品當下而沒有分心」的人，平均多三五％機率認為自己有時間做想做的事情。

「活在當下」意謂著去思考現在周圍是怎樣，知道此刻與萬事萬物一樣，不會永遠持續下去，像吳爾芙小說《燈塔行》（*To the Lighthouse*）中的雷姆塞太太（Mrs. Ramsay）那樣，[3]在大為成功的晚餐聚會尾聲深深感受，「她一腳踩著門檻，逗留於這個邊凝視邊消逝的場景裡再久一點。」你明白自己正眼睜睜看著此刻變成過往，但仍佇立在那凝視下去，細品這一刻，悠遊其中。

細品有點像悠遊，但比較強調愉快的感受，而且在正面心理學中扮演重要角色。心理學界長年探究人們如何適應與面對困難，不過探討如何細品美好也同樣有意思。有些人能充分感受美好事物，並進一步加以深化與延長。

有意思的是，深刻細品當下涉及了意識過去和未來。此領域頂尖學者弗雷德・布萊恩（Fred B. Bryant）和約瑟夫・費羅夫（Joseph Veroff）攜手合作，在二〇〇六年出版《細品：正面經驗的全新模式》（*Savoring: A New Model of Positive Experience*），[4] 其中談到布萊恩登上海拔四千三百公尺的斯諾馬斯山，那時，他當然為壯闊的景色震撼不已，覺得一座座雪峰像是凍結的汪洋，「一浪又一浪銀峰從飄渺綠谷間冒出頭來」，他與友人靜靜地佇立驚嘆，也明白自己可能永遠不會再置身峰頂了。

先前，他曾兩度攻頂失敗，所以這一次不只享受當前美景，還與友人相擁，表達很高興能和大家一同經歷此刻。布萊恩回顧過往，想到背傷曾差點害他不能再登山，並以為自己此生永遠無法登上斯諾馬斯山的山頂。他心想：「對自己身在峰頂的認知使我更加喜悅。」他也想到未來，到時自己會怎麼回味這個時刻。此外，他還感恩上天讓他登上峰頂，感謝造物者創造了山峰讓他攀登。

接著他「強烈認知到此刻的瞬逝」，很希望自己一輩子「牢記此刻」，於是想方設法捕捉此情此景，特別好好地繞一圈，記下每個細節：山楊和雲杉林，山下流過一條小河。他留意肺部的感覺，感受氣息與寒冷，撿了一塊石頭當作紀念品，想著之後要跟自己所愛的人們分享這段經歷，還想起已經過世、也愛野外冒險的爺爺，想著他會多麼以自己為傲。由於天氣乍變，他與友人無法在山頂待多久，不過因為種種用心細品，使那十分鐘變得遠遠不只十分鐘。

後來布萊恩想著山，想著心理學，與費羅夫合力研究人是如何細品快樂時刻。他們寫道，回顧過往和想像未來是其中一環，「細品的認知模式一定不只涉及過去，還要思及未來。」並設計出「細品方法量表」，用以衡量各種細品時刻的方法。這是一本滿學術的著作，[5]不過這份研究導向的量表，對一般大眾卻意外實用，其中包含各種細品時刻的良方，如下：

- 你可以想著之後跟別人分享這經歷，或有意識細品每個細節。
- 你可以提醒自己等這一刻等了多久，回想先前夢寐以求的模樣。
- 你可以讓感官更加敏銳，深呼吸一下，把步調放慢。
- 你可以向在場的其他人說你多愛這一刻，很高興有他們在身旁。
- 你可以提醒自己這一刻不會永遠持續，現在就得好好把握享受。

這些簡單可行的方法能加深各種美好時刻，不過我們的頭腦總愛唱反調。布萊恩和費羅夫不只提出細品的訣竅，還找出了所謂的「掃興思維」。這跟遲到一樣，有受文化因素影響，例如：儒家強調中庸之道，認為過度的喜悅會招來壞事抵銷美好，所以人要刻意減少快樂，以期達到萬物的平衡。有些人則是因腦內化學物質失衡的影響，憂鬱導致認知扭曲，把好事全踩在地上：這件好事可以更好，可以延續更久，可以更早發生——但我不配。

然而很多人即使沒有前述原因，依然會潑自己冷水。常見的一種潑冷水方式，就是想到自己應該待在別的地方，應該做別的事情。布萊恩在二〇一七年接受採訪時跟我說：「基本上，我們的心思常常待在別處。」

這種現象與社群網站上分享「我們所擁有的唯獨當下」之類的貼文大相逕庭。既然你人在山頂上，當然要等下山有無線網路後才能付電子帳單，現在去想這件事幹麼呢？許多人經常會說自己沒時間放鬆，我檢視他們的時間紀錄，赫然發現他們週六上午明明有去按摩，但他們回答：「對呀，我是去按摩了，不過一邊被按，一邊在心裡想著待會要回覆的信件。」

## 進行「日常放假練習」，在細品時間中悠遊

要細品時間並不容易，也不見得隨時可行。如果你要趕早上七點三十四分的火車上班，不太可能細品七點十五分沖的咖啡。不過悠遊並不是非黑即白：要麼全有，要麼全無，沒有中間地帶。雖然有些時刻無法細品，但有些可以，而這種心智習慣能深切影響我們對時間的感受。如同布萊恩和費羅曼所說：「細品跟放慢時間經常是同一件事。」

培養細品習慣的方法很多。雖然人甚至能在山頂上對自己的心情潑冷水，不過你也知道置身山頂這種地方感覺非常美妙，所以人們才想攻頂，並且在山頂睜大眼睛。布萊恩說他把在斯諾馬斯山頂撿的石頭放在書桌上，「我隨時能吸進那氣息，好像自己還在山頂上，只要閉上眼睛就回到那裡。」

我們在尋常時刻比較難去留意平凡的美好。布萊恩將細品稱為「後天習得的技巧」，並且有一套方法。他是羅耀拉大學的心理學教授，根據我的經驗，教授有時會抱怨教大學部學生的事，但他卻不是這樣。布萊恩會想像自己未來在養老院裡，身體每況愈下，無法自行走動，那時將會回憶過往，但願能重新站在講台上，生龍

活虎且思緒敏捷，每位年輕學子們都殷切期待他的課，他願意付出多少來換取這樣的一天啊！接著他睜開眼睛發現：「那天就是今天！」他不必放棄什麼東西去換取這特權！他可以上台教課！這很像經典老片《風雲人物》（*It's a Wonderful Life*）的主角喬治．貝利（George Bailey）獲得了第二次機會，布萊恩得以感受到平凡的喜悅：「我們有好多方法把大腦當作時光機，進行豐盛而美好的時光旅行。」

黛兒．安東尼亞的方法是對自己說：「沒事的啦！」而我在飛機上碰到類似情況時，會停下來在心裡想：「我現在沒有不開心。」關鍵是我們都用到否定字眼。如果你認定了負面狀態，就會把注意力集中於負面。布萊恩說：「壞事會踹你的門，逼你去處理；好事則不會主動上門來，你得自己去找。這需要一套更細緻的技巧。」如果孩子沒有吵鬧，或是艾力克斯乖乖地自己看卡通，我會有幾分鐘看電子書，並留意到自己正在享受當下。意識到愉快的事，**意識到自己正在感受這份愉快，這就是細品的定義**，因此，這種時刻不會在不注意的情況下流逝，不是威廉．詹姆斯所謂的「無底的未覺深淵」。

你也能打造自己的悠遊時刻。把討厭的事務從行程表中拿掉有個好處，當你開心從事自己想做的事，便能好好悠遊其中。下班後的愉快時光可以升級成一頓美好的晚餐，十五公里的郊區自行車行程在好天氣時可以加到二十五公里。我很愛留出全空的日子，把所有時間拿來寫作，不必瞄時鐘確保自己沒漏接電話。在一天結束之際，我會為時間紀錄重整一下行程（當然，也可能在中間想休息時做這件事啦），也會放鬆下來細品自己很樂在其中的案子。

如果你不太可能空出一整天的時間，這我完全能理解，不過你仍能試試布萊恩和費羅夫所謂的**「日常放假練習」**，**練習在愉快中悠遊，規則是在某一週每天花十至二十分鐘做自己很愛的一件事**，例如：

- 欣賞日落
- 在戶外雅座品嚐一杯好咖啡
- 趁午休時間去逛書店
- 到附近的公園走一走

布萊恩說他最近的「日常放假」是練習彈吉他、作曲、遛狗和打電話給老朋友，不然就是規畫下一次的登山。

你要選一個最不會被干擾的時間，把手機調為飛航模式或關機充電。依照布萊恩和費羅夫的講法，在做日常放假練習時，要「試著仔細留意每個愉快的刺激或感覺，辨識出正面情緒，在腦中確實標記，主動建立對那種感覺和相關刺激的記憶，閉上雙眼在腦中感受，然後以某種方式向外表達這種正面感覺。」接著再規畫明天的日常放假練習。到了那一週的尾聲，就回味過去七天所有的日常放假練習。

## 刻意放慢步調，能延長享受的時間

其實我們平常也都會休息至少十分鐘，但通常用來刪信件、滑臉書或在家裡東摸西摸，不過我們不把這算為空閒時間。如果你有意識地悠遊於愉快的放鬆時間，等於是提醒自己有放鬆時間，進而感覺到擁有一些時間，好過讓這些時刻從指縫間溜走。

最後，如果覺得沒必要趕，不妨試著慢下來，並非所有活動都求快。如果匆忙會讓人覺得沒有時間做自己想做的事，那麼刻意放慢步調反而是好事一樁。布萊恩說，他們某個實驗給受試者們一些巧克力餅乾，請他們盡量設法吃得更享受，結果大家幾乎都放慢吃的速度，充分地感受每一口，理由顯而易見，「**放慢能夠延長時間，享受本身也跟著延長**。」

放慢也會讓你留意到更多事。布萊恩說：「放慢需要刻意去做，才能掌控你的體驗，更意識到事物的模樣。」登山的其中一個樂趣是在稀薄的空氣裡放慢動作，延長時間去感受各種細節，發現岩石上青苔的樣式，留意到蟲鳴鳥叫。布萊恩在最近某次登山時，竟欣賞起高山上一種比火柴頭還小的小花，「我們很驚豔，但只有在停下來時才會看到。如果你的腳步匆匆，就不會去留意。」

放慢可以讓生活像細品餅乾一般美好。如果我讀書讀得很享受，也許會慢慢讀。當然，快點知道結尾是一種樂趣，而細細咀嚼佳句也很令人愉快。

我得再次強調，生活的某些部分不能放慢，而放慢步調有時是悠遊，有時則只是慢吞吞。我預設的步調很快，也不會覺得這樣有什麼不對，因為適時加緊腳步為我生活帶來更多可能。

此外，並不是任何情況都值得悠遊。常搭飛機的人會選擇在登機時間才到登機門。小孩無法長時間專注，投入各項活動的時間自然不長，所以我一個人逛美術館時會消磨好幾個小時，帶孩子去時則會預計只逛一小時，能達成就謝天謝地。

先前我讀到斯堪地那維亞文化有「hygge」（丹麥語）和「koselig」（挪威語）的概念，類似放鬆和悠遊，不禁想到只要帶著小孩，很多理想生活的點子就不容易實現。二〇一七年，麥克・威肯（Meik Wiking）的《我們最快樂：Hygge，向全世界最幸福的丹麥人學過生活》（*The Little Book of Hygge*）問世，[6] 其中提到他在某個天寒地凍的週末玩圖板遊戲，一連玩了十四小時。我相信這絕對是跟好友共度時光的好方法，加上美食與美酒真的超棒，火爐燒著火更完美。但我也知道，本書很多讀者必須把小孩送去外婆家度週末，才可能一連玩十四小時圖板遊戲。畢竟如果得擔心小孩被壁爐燙到，就很難悠遊於遊戲時光。

所以很多教讀者慢下來的書籍，就像在雜貨店遇到鼓勵你享受每個當下的老先生，但你就是辦不到。這樣甚至是在傷口上撒鹽，讓人意識到生活中有些艱難時刻，並覺得自己做得不夠好。

悠遊應該是享受自己能享受的事。悠遊是若你樂在其中並想延長時間，就能夠延長時間。時間都會消逝，你無法永遠悠遊於某個時刻。此外，由於人有「享樂適應」（hedonic adaptation）的傾向（對所有事物很快就習以為常），即使是山頂的美景，不久後會像從自家廚房窗戶看出去一般平凡。然而，如果保持正確的心態，還是能讓時間延長。

我在某個夜晚為艾力克斯讀了床邊故事後，突然思考起這件事。在陰暗的房間，我搖著他好一陣子，小小的他向來很難入睡（下一章我會更多談論此事）。我知道只要離開一會兒，他就會下床跑到門邊哭叫，直到哭著睡著。即使在十分疲累的晚上，他還是會以哭叫表達對上床時間的抗議，我必須等他累到睡著再回去把他抱回床上。

這向來不是愉快的事。如果是哲學家，也許能侃侃而談這種夜間儀式象徵怎樣的人類處境。儘管我知道他會哭叫，但我能想辦法延長哭叫前的時間，悠遊於他小小身子貼著我的時刻，並心想這樣的夜晚大概不多了。之後我在某個孤獨的夜晚也許會希望他依偎著我，期望自己的雙手還有力氣抱得了他。悠遊可以既苦又甜。這第四個孩子帶來了些痛苦，但在這幼兒室裡，片刻間只剩下平靜。

## 第 5 章

# 以三種資源投資快樂

快樂的聰明人，是我所知世上最稀罕的東西。

——海明威，《伊甸園》（*The Garden of Eden*）

## 投入興趣不僅帶來快樂，更提升工作效率

亞特蘭大市郊的一間鬆餅店，每週好幾個早晨會看到一樣的畫面。一大早走進店裡會看到克里斯．卡奈爾（Chris Carneal）坐在後頭的老位子。雖然這裡是鬆餅店，但他並沒有點鬆餅，桌上只有蛋與培根，另外還有紙、筆電或書，有時還有位同伴。

時間是早上六點出頭，但這已是他晨間習慣的第二階段。在凌晨四點五十五分起床，五點二分上車，五點十五分到住家附近的健身房，接下來四十五分鐘努力健身，再到一旁的鬆餅店，店員並不在意他的健身器材和悠遊步調，也不在意他沒點鬆餅。

這看起來沒什麼特別，但有助於大忙人解決一個大問題。

克里斯．卡奈爾是布特松公司（Booster Enterprises）的創辦人暨執行長，該公司以協助學校募款為主要業務，約有四百位全職員工和二百位兼職員工，員工多數年輕，這甚至是他們第一份「正式」工作，就連很多經理級人員都是初入職場，需要上面有人支援。他與妻子也有四個年幼孩子，經常面對學校等各種活動。由於有

這麼多人需要他顧，因此很容易變成疲於奔命的多頭馬車。

然而，他藉由早上健身與待在鬆餅屋，走出了另外一條路——先把時間投資在真正想做的事上，而且是趁家人還在睡覺的時候。他因此感覺自己沒那麼忙，卻能做好更多的事情。

他在六點五分進鬆餅屋，花五至七分鐘祈禱與反思，接著檢視當天的行程表，評估「我把那小時剩下的時間拿來思考某個重要議題，像是要怎麼推動公司向前？我們接下來能採取哪個大概念或進入哪個大市場？我對此又有什麼疑問？」每週會有一天請別人來討論比較耗腦的問題，進行上班期間做不到的深入討論。早上七點二十分他動身回家，接下來四十五分鐘趁孩子上學前與他們相處，然後再工作一小時，換衣服準備上班（還迅速沖個澡）。

所以當他九點半或十點左右到辦公室時，早已全神貫注地工作兩個半小時了。他說：「我頭腦清楚，躍躍欲試。我在那兩個半小時所做的事，比以前整天花六、七甚至八小時做的事還多。」

此外，還有一大改變。在實行這個晨間習慣之前，克里斯・卡奈爾工作時常心不在焉，跟來找他的團隊成員交談時無法全心投入，老是想著其他有待解決的問題，只想趕快談完以便回頭處理與解決，如此才能按照家人希望的時間，在傍晚五點半前後回家。現在他是先解決問題再去上班，早上已經下過苦工，在公司就能處理別人的提問，「我整天頭腦清晰，慢慢在走道上行走，與更多人擊掌聊天，被攔下來提問都沒關係。」事實上，管理階層的職責就是要去處理這些提問，或是如他所說：「我的團隊就是我的工作。」

投資在健身房、鬆餅屋和自家的時間使他更快樂、放鬆，白天能見招拆招。由此看來，先做自己喜歡的事似乎能延長時間，他說：「我有時候看手錶，想說現在可能是下午兩點，沒想到竟然才十點半呀！」

## 投資快樂的三種資源：金錢、時間、心態

就如我在第二章說過的，人們說想要有更多時間，往往是指想要有更多回憶。本章要談論第二個層面：「人們說想要有更多時間，往往是指想要有更多能做快樂事情的時間。」畢竟很少人想有更多時間坐牢。塞在車陣裡的人嘟囔著想要有更多

時間，指的是想要更多在車外（而不是關在車裡）的時間。時間就是時間，只是隨著我們所做的事情和心理狀態不同，對於時間也會有不同的感受。

幸好花在開心事情和其他事情的時間比例可以逐步調整。那些覺得有時間做自己想做的事的人，其實是以某些策略充分利用時間，像是我們在第三章看到的「創造時間股利」：現在播種，日後開花結果。這一章同樣在談投資，目標是逐漸擁有更多「享受」的時刻。**想達到快樂，通常需要投入資源，而資源絕對包括金錢，不過也包括了時間，以及建立新世界觀所需的心智能量。**

這三種資源的作用各不相同。金錢很直觀，而時間雖沒那麼直觀，卻十分關鍵，克里斯．卡奈爾正是透過這種方式，在早餐時間就比先前整天做的事情還多。心態最不為人所知，但影響卻最為深遠，如果你能從忍受變為享受，從猛算時間變為心平氣和，就能多出很多時間。在時間感受調查中，有一題是「昨天我以讓自己快樂的方式運用時間」，選擇非常同意的人更可能自認有時間做想做的事，比率高出二二%。**時間感受前二〇%的人更常把時間花在能提升心情的活動，例如：運動、深思、與親朋好友互動等；時間感受後二〇%的人更常把時間花在上網和看電視，這類活動的快樂較為短暫。**

總之，時間多得不得了的人知道，快樂是個值得追求的目標。我們怎麼過時間就是怎麼過生活，所以快樂過生活就是快樂過時間。無論把時間花在鬆餅屋或是其他地方，有策略的投資有助於形塑我們的人生，能對時間更輕鬆以待，就算沒有更快樂，至少也能減少不快樂。

## 金錢：把不想做的事外包，減輕壓力又省時

所有人每週都有一百六十八小時，但有的錢卻不一樣多。當我們聽到「投資」二字，首先就會想到錢的事，因此自然有不少關於錢和快樂的說法，不過有意思的是，許多說法經常互相矛盾。錢能買到快樂嗎？有些實證顯示「錢愈多，煩惱愈多」？抑或是所謂的「過猶不及」？

我認為最安全的說法是：錢是工具，它不會自動帶來快樂，就像躺在工具箱裡的鐵槌一樣做不了事。但如果用錢有方，對快樂程度將大有助益。

我們對金錢與快樂的迷思在於「弄錯快樂的本質」。托爾斯泰說：「純然的

悲傷和純然的快樂一樣不可能。」很少悲喜能一直延續，我們很快會回到原本的狀態。先前盧絲在藥妝連鎖店看到特價娃娃，請求我買給她，我答應了。結果到了外頭停車場，她跟我說：「剛拿到新娃娃的時候好高興，可是才過一下子就不想玩了。」若我們買的東西能促成愉快的經驗，進而化為回憶，則最可能帶來快樂。這類記憶能持續帶來快樂，而不像多數快樂事物會受到「享樂適應」的影響。如果你買了帳篷確實有用來露營，就可能在通勤時想起戶外寒冷的晚上和緋紅的楓葉，但若只是將它擺在地下室裡從沒用過，那就一點用處也沒有。

衡量快樂的方式有很多種，其中一種衡量是對人生的整體滿意程度，這種方式沒什麼錯，但我們的心情更常取決於存在感最強的「經歷自我」。人有時會苦於比較的落差，你可能覺得：「我當然該很快樂才對！我有很好的工作，住很好的房子耶！」但如果你每天很早起床，在好房子和好工作之間辛苦通勤，回家時在社群媒體上滑到別人有更好的漂亮房子，那可就開心不起來。

如果我們同意一時一刻的快樂經常左右整個心情，那麼以金錢投資快樂的成效，就取決於我們是否了解哪些活動能帶來快樂，哪些活動則否。

根據與快樂相關的研究，[1]人們從事某些活動時更容易感到快樂，某些活動則否。其中，性愛果然比通勤更快樂。根據統計顯示，通勤上班確實是人一天裡心情的低點，而從公司返家則好一些，原因應該是通勤最後會回家——這是早上去上班所沒有的好處。有些活動則因人而異，像工作大致上沒有多快樂，但說穿了還是苦樂交織，有喜歡也有討厭的部分，你可能很喜歡同事，很認同公司的理念，但仍舊覺得週二上午的會議很討厭。多數人喜歡交際和放鬆，雜務通常做得不太開心，不過也依雜務種類而定，某些人超愛採買雜貨，但許多人討厭大賣場的人潮洶湧，他們可能費力在裡面尋找某種燈泡半天，結果才得知根本沒賣。顧小孩也是讓人又愛又恨，雖然跟孩子玩也許滿有趣的，但調停手足紛爭一點也不好玩。

**想用金錢換取快樂，還需要分析你使用時間的缺點，並想出解決之道**。沒有人真能生出時間，一秒過了就是過了，花再多錢也買不回來。然而，金錢能改變氣惱與快樂在我們生活的占比。你若能把時間少花在不愛做的事（那些讓你猛看時間、希望快點過去的事），把時間多花在自己確實享受的事，自然也會覺得更有時間。如果能做到這一點，通常代表你錢花得很好。

若你讀完第一章後決定記錄時間，現在請從這角度來檢視你的紀錄，並且問自己以下幾個問題：

・我哪時快樂？
・我哪時不快樂？
・能靠錢改變嗎？
・如果能，需要多少錢？

這有時會是重大的財務決定。如果通勤是一天心情的低點，那花錢減少通勤時間是聰明的投資。在公司附近租房，可以更悠閒吃早餐，也許還能上健身房，而不是塞在馬路上動彈不得。如果住得夠近，甚至可以騎腳踏車上班，把低潮變成還不錯。

至於「工作時間」本身，有時你若感到太過漫長，實際減少工時不失為一個花錢提升快樂的好決定。很多人喜歡兼職，連熱愛原本工作的人都不例外。如果你的財務允許，這絕對能為其他活動留出空間。我和莎拉・哈特杭格一起主持的播客節目《兩個世界的精華》，這節目能運作是因為她選擇只把八成的時間花在行醫本業上，在休假時跟我一起錄節目，並多出一點閱讀、運動和寫部落格的時間。

當然，不是所有公司或工作都允許兼職，有時兼職也可能對事業造成太大影響。我發現如果一個人原本的工作時間很固定，像醫生當值就在工作地點，下班就不在，這樣兼職的效果往往最好。根據我的時間日記研究，其他支薪工作的危險在於，如果沒有好好計算到底工作了多久，「兼職」常淪為另一種全職工作，只是薪水更少。如果你所在的行業像是這樣，也許可以去尋找（或創造）你喜歡的工作，然後協調以減薪來換取彈性工時。如果你選擇這樣做，應該確實會有某些日子不上班，例如：週四或週五不進辦公室，而不是接受「減少工作量」這種模糊承諾。這樣做不僅能減少工作時間，還可以減少通勤時間，正所謂一舉兩得。

把會造成壓力的雜務外包也是不錯的方式，像亞馬遜提供付費會員的送貨服務就不錯，能省下開車去採買咖啡濾紙等用品的時間。如果你平時很少在家，覺得把週末花在除草沒意義，有很多除草服務能為你效力。把這些做雜務的時間改花在放鬆、交際和出遊，會讓人覺得自己有更多時間。

以我個人為例，善用托育是一大突破。能專心工作的感覺很好，偶爾跟先生去餐廳用餐也很棒，但最重要的是，我發覺托育有助於跟孩子一起玩樂，不然原本在家帶四個小孩，真是讓我焦頭爛額，提不起勁。

有了托育，就算盧絲的校外教學跟艾力克斯的睡覺時間撞在一起，我還是能送她過去；別人幫我把山姆從電腦俱樂部接回家，我就能帶傑斯柏做學校的報告；週六早上一個孩子要上游泳課，而另一個孩子要參加朋友的生日會，那麼就由我跟先生各陪一個孩子，另外兩個孩子待在家讓保母陪著玩樂高還不賴。孩子不會沒人陪，我們不必忙得團團轉，這是一種對快樂的投資。

擺脫痛苦可以大幅改變我們對時間的感受，而它也像細品一樣，不只代表沒有壞事，還代表延長好事，投資快樂不只要投資於擺脫痛苦，也要樂意投資於增加快樂。

## 適度犒賞自己，為生活增添快樂

在追求享受更多時間之際，我一再想到「犒賞」的概念。犒賞自己能小兵立大功，大幅改變心情。做法可以是花點小錢，例如：買下超想讀的書，而不是等圖書館購入才去借；也可能沒有明顯花費，例如：洗個舒服的澡（這需要付水費，但並不是立即而明顯的開支）。

每個人都有犒賞自己的方式，但如果你是很有紀律或節儉的讀者，大概不會經常犒賞自己。太貴或會傷身的嗜好確實不該沉迷，但多數的犒賞不是這樣。不用好寫的筆來寫待辦清單，堅持用銀行送的免費原子筆，這到底有什麼好處？

所謂的投資快樂，就是更自由地犒賞自己，我是在某年的十一月明白到這件事。當時因為需要寫幾篇談感恩的文章，我決定花三十天每天寫下三件感謝的事，也確實因此變得更看重人生的光明面；但真正的重大收穫來自諸事不順的某一天。那天，我的心情跟陰天一樣黯淡，中午赫然想到晚上還要寫三件感謝的事，於是那天後來的時間都在設法變出三件好事。我關掉電腦準時下班，坐進車內，然後開去找風景優美的步道慢跑，感覺自己好像花一些汽油錢逃學出去玩。我到喜歡的餐廳外帶食物，買了一本有趣的書，在孩子們睡覺後開始閱讀，還搭配一杯紅酒。就是這樣，**不用中樂透也能有美好一天，只要你把時間花在開心的事情上。**

## 時間：把最好的時段留給自己

前文是關於錢的部分。不過能投資快樂的不只金錢，還有時間，這也能為我們帶來快樂和時間自由。克里斯·卡奈爾發現，雖然一小時永遠是一小時，但他的精神有高有低，得應付各種人不同的要求，所以不是所有時間都適合做某些事。如果我們等到一天的最後，才檢視自己剩多少時間處理重要事項，可能沒剩多少力氣，只想倒頭呼呼大睡。如果你要帶人（員工或兒女），即使用下午處理重要事項也可能分身乏術。匆忙會讓你感覺沒時間做想做的事，先做重要事項則能生出時間。

這正是早晨的美好之處。每當有人懷抱目標，我都建議他們善用早晨良機。

你可以一週選三天提早半小時起床，用跑步機運動二十五分鐘，這樣後面很多小時都能神采奕奕、全神貫注。那九十分鐘投資得相當划算（時間感受分數前二〇%的人每週運動三．四次，後二〇%的人僅一．九次）。

如果你想寫小說，可以每週選四天提早一小時起床，每天寫個五百字，不出一年就能有一份完整的底稿。

你也可以在早晨從事深思或精神方面的活動，例如：寫日記或冥想，這些都會讓時間彷彿更多。在我的調查中，時間感受分數前二〇%的人每週從事這類活動三．三次，時間感受分數後二〇%的人只從事一．四次；高分群裡，有二二%的人每天從事這類活動，全體平均則僅有一一%，後二〇%的人將近半數從未從事這類活動。

由於任何人都能在每天找出五分鐘寫日記，因此我認為其中關連並不如一般所想：不是因為沒時間做這類活動，所以沒去做；而是不停下來深思，只是從一件事跳到下一件，沒留意自己有多少時間。每天早上花幾分鐘深思，有助於使那天顯得有更多時間，這是很划算的事。

當然，這不代表提早起床很簡單，有時投資快樂得建立在一些不愉快之上。克里斯．卡奈爾不喜歡早上四點五十五分起床，某些人因為家庭情況、人生階段或睡眠類型也很難早起，如果是夜貓族，也許真的在天黑後工作效率最好。不過很多人並沒有善用睡前時光，與其睡前在家中東摸西摸或閒閒滑手機，不如早點放下手機上床睡覺，將沒效率的夜晚時光變成高效率的早晨時光。

重要的事得早點做，這道理對一週來說也是如此。

凱薩琳．路易斯（Katherine Reynolds Lewis）是與我互相督促的夥伴，她在新聞界長年表現出色，並靠著寫育兒與商界等報導達成自己的收入目標。二〇一三年初我們開始督促彼此時，凱薩琳說她真正想做的事情是出書，並決定每週五下午研究吸睛的雜誌報導，練習寫作，之後能成為寫書的素材。由於多數報社編輯和消息人士不會在週五下午找她，這是時間成本很低的時段，非常適合深度動腦。

但現實不是這樣。週復一週，她向我坦承很少有空付諸實行，「週五下午的問題在於，當週所有工作和私人沒做完的事，都會堆在週五的最後兩個小時，等完成時早已是下午四、五點了，沒辦法再做其他事。」

經過討論後，我們認為應該把時間調到週一上午，那是一週的開始，常是最好的時間，也不容易用來趕其他急事——因為急事還沒累積起來。

我明白這決定並不容易，她必須把有酬勞和截止期限的工作刻意延後，去做沒錢又不見得有成果的事，當然她很想做出成績，但毫無保證。這段期間原本都是留給最好的客戶。對勤奮的她而言，這樣揮霍簡直是不負責任。

不過這新方法非常有效。凱薩琳的丈夫週一早上帶孩子去上學，讓她能早點開工，把上午八至十點的時間投入這件事，結果她發現，「我沒多久就寫出九百字的底稿，後來變成三千五百字在雜誌上刊出。」這篇文章〈會不會你教養孩子的方法都錯了？〉刊登在《瓊斯夫人》（*Mother Jones*）雜誌，成為創刊以來最熱門的文章。好幾位出版經紀人向她表達合作意願，她選了感覺合得來的一位，合力寫出一萬九千字的出書計畫，引起多間出版社的興趣，最後得到了出版合約。

按照原本的計畫，凱薩琳始終沒時間做這件事，但當她把黃金工作時間投入自己想做的事，就因此創造了時間。事情的進展會帶來激勵，時間也因此形同延長。在我的時間感受調查中，有一題是「昨天我在個人或工作的目標上取得進展」，選擇非常同意的人，比平均高二〇%自認有時間做想做的事。

時間可以伸縮，依我們選擇做的事而延長。投資快樂可能意謂著在美好的春天早上去散步，雖然工作時間得因此順延。一般來說，工作不得不做，所以我們總會去做，但你選擇以一些愉快展開這一天，做出跟原本不同的選擇。投資快樂也可以是留出空間給某個嗜好或聚會，就算只花了一點時間，也能換取一點快樂，例如：用手機讀電子書而非查看信箱。你終究會去回覆那些必須回覆的信，生活一向如此，但如果你想做其他事情，先做就能帶來快樂。

## 心態：學會「受苦」的技巧，不被痛苦干擾

雖然投資金錢和時間本身就能讓生活更享受，不過對我們人生影響最深遠的還是「投資心態」。

雖然時間幾乎都是個選擇，但生活總有怎麼選都不快樂的時候。有時是由於過去的選擇，有時是因為對未來的選擇，有時純粹是情況使然，無法避免那些黯淡的時刻。在某些日子，時間不斷流逝反而是種祝福，壞事終將過去，若我們能把忍受變成享受，或在忍受之中享受，對時間的感受也會改變。為了達成這理想，你必須——恕我想不到更好的用詞——**擅長受苦**。

這是一種技巧，有時人生逼你不得不學。有一位部落客叫「和諧史密斯」，原本她想當律師，身欠學貸和卡債，與老公計畫主要由她負擔家計，並興致勃勃地想生很多小孩。但後來她發覺自己其實不想投入這行，並對於每年高達一千八百小時的計費工時苦不堪言，卻因為要還債和養家不得不做，再加上原本想生的第四胎竟然是對雙胞胎，更沒法不工作。

不過她立下了改變後來人生的計畫。她跟先生訂下五年後達到財務半自由的目標，屆時可以揮別全職工作，改為約聘兼職（而先生在照顧五個孩子之餘也有兼職）。他們決定在達成目標後犒賞自己：開露營車帶孩子們來一趟大旅行。他們訂完目標後開始省吃儉用，同時發展副業。

他們的人生歸結為一件事：熬過接下來這五年。她的部落格叫「開創我的萬花筒人生」，其中有篇文章說那個人生階段是「五年徒刑」，這吸引了我的注意。五年徒刑聽起來很恐怖，但她的說明則不然。她必須還貸款，這五年賺來的錢大多要還債，所以像是在服刑。她認為這過程跟自己想像中的坐牢有兩個相似之處：

- **知道期限**。五年就是五年，不是一輩子。總共一千八百二十六天或一千八百二十七天（依閏年而定）。所有時間都會過去。如果你知道艱困的日子何時會過去，幾乎都能一步步走過。
- **設法開心**。有時只有在不愉快的日子裡，你才能享受某些快樂。有些小小的事情在黑暗中熠熠生輝，學著欣賞這類事物是一種心境的轉變，能大幅提升對時間的感受。

這兩個讓人變得擅長受苦的策略與方法，能發揮很大的威力。

有時，只有第一個策略可行。萊拉是位神經科學家，在聽了我的某場演講後開始與我通信。她三十二歲診斷出乳癌（就在結婚的四個月後），開始接受化療、手術和放射線治療。由於現在癌症存活率有所提升，以致我們容易忘記抗癌有多辛苦，而萊拉接受完第一輪化療後必須住院，很快見識到其中的苦楚，躺在病床上想著之後五輪化療與其他後續治療，便感到害怕又焦慮，十分煎熬無助。她買了一本月曆並寫上那一年的所有治療時程，「這讓事情沒那麼絕望，反正我就一天一天把這年過下去。」

但有時連一天一天過都很困難，她面臨許多痛苦。某輪化療後，渾身無力的萊拉甚至無法從客廳沙發走回臥室，沒辦法站著把澡沖完；另一輪化療後，她非常反胃噁心，晚上無法入睡，「我老公會睡沙發，免得吵到我，但每小時或幾小時就來看看我，有時會說：『試試能不能撐過接下來這二十分鐘。』這對我很有幫助。生病時去想『我撐完接下來這幾分鐘就好。』注意力會集中在這段短短的時間，你只要把這段時間撐過去，別去想之後的事情。」

一年終究會過去——就連不斷數著每分每秒的一年都會過去，萊拉熬過來了。如果情況沒那麼糟，第二個策略也能派上用場，在某些日子，她能多吃點東西、散散步、做做瑜珈，並享受這樣的日子。

「和諧史密斯」則試著盡量享受時光。雖然她討厭早上跟家人道再見，但這五年「徒刑」並非分分秒秒都很糟，有些時間依然美好。律師要達到一千八百小時的計費工時，大概需要實際工作兩千五百小時，一年有八千七百六十小時，睡覺占二千九百二十小時（以每天八小時計算），這樣還有三千三百四十小時能做其他事，她在那些時間裡**「發揮創意去找樂子，開心一點，放鬆一下，而且不用花錢」**，以此「盡量得到最大的快樂」。十二月，她去圖書館拿回二十幾本聖誕節童書，並包裝成禮物，陪孩子們每晚打開新的一包並一起閱讀。其中一個孩子生日時，她問動物園能不能贈送會員資格，成功拿到資格後就去動物園玩得很開心。

有時，看似只能忍受的事也有可以享受的層面，不過在其他情況時通常看不到。他們不是貸款買大休旅車讓大小孩子都有位置坐，而是在網路上購買二手小校車，費用只要拿出一年的退稅金額就能付清。她發現別人看到這輛小校車都眼睛發亮，但如果能選擇借更多錢，就看不到人們驚訝的神情了。

冬天也有例子。美國東岸的冬天在我看來一向悲慘又陰暗，不過跟北歐北部相比，則是小巫見大巫，那裡從十一月到新年過後都長夜漫漫，北極圈內好幾週看不到太陽升起，就連人口較多的北歐南部也很難熬，太陽只會在中午前後升起幾小時，其餘時間大地一片黑暗。

這種感覺很讓人憂鬱，但我先生遇到我之前曾在奧斯陸住了五年，他說那裡的人一般不是這麼想，嚴冬並非難以忍受，而是可以享受。他們熱切期盼冬天才有的滑雪季；在戶外做熱水浴，享受身體熱而鼻子凍的鮮明對比；無論天氣多糟，依然出門呼吸有助提振心情的新鮮空氣。有句名言是「沒有什麼天氣不好，只有衣服不夠」，大家點起蠟燭喝熱飲，冬日節慶帶來樂趣和團結，任何願意睜開眼睛的人都能看見冬天之美。冬至前後，太陽始終不會完全升起，一天的很多時間如同日出或日落，積雪泛著冷光，像是另一個時空，這種美麗與六月的玫瑰園不同，它雖淒冷嚴酷、不易欣賞，但終究美得毫不遜色。人們只有這麼一點光，所以很是留意。

## 受苦讓人學會珍惜

知道平時被自己忽略的某樣事物可能在艱苦時發光，這種對比認知是讓人從忍受到享受的重要關鍵，也是許多人擅長的祕密武器。

阿梅莉亞·布恩（Amelia Boone）就是這樣。[2]她堪稱職業級的受苦好手，我們第一次相遇是在加州某間旅館的健身房，那時她正在用滑步機，肌肉線條分明，訓練強度比其他參加研討會的人更高。後來我才知道她平時從事律師工作，卻也是世界上獲獎最多的障礙賽跑者，她跟克里斯·卡奈爾一樣在凌晨五點前起床，投資自己的快樂，在上班前也許已經跑了超過三十公里。由於辛勤訓練，她多次贏得世界最強泥人賽，二〇一三年在斯巴達障礙路跑世界錦標賽奪冠，多次在馬拉松比賽名列前茅。

她經歷過很多艱困賽事，但最艱困的一場是在生涯早期，二〇一一年在紐澤西英格蘭鎮的世界最強泥人賽。當時是十二月中，氣溫低於零度，大家還得匍匐爬過凍骨的泥水。賽程設計為二十四小時才能完成，所以參賽者不僅承受嚴寒，還整夜未眠。我讀了幾篇其他參賽者描述賽事的文章，並且設法想像。雖然賽道旁有溫暖的帳篷（及醫護人員），過程依然艱困。這麼說好了，在起跑線有將近一千名障礙賽老手，他們在其他賽事成績出色，但到了隔天日出之際，大概只剩十個左右的參賽者。

阿梅莉亞是其中一位，而她就是以我們前面談到的那兩招，撐過了最強泥人賽和其他賽事。首先，「我會把賽事切成一段一段」，她不是想自己跑了兩小時，還有二十二小時得拚，而是把注意力放在一個又一個障礙，不然就放在下一個喝水點，「這是讓我熬過時間、不被壓垮的最好方法。」她還會將同一首歌唱過一遍又一遍，只要唱夠多遍，時間就過去了，這就像搭機遇嚴重亂流、抽筋或使用跑步機時，一次又一次數到二十，最後終能熬過。

除了把賽事切成段之外，她還擅長苦中作樂，「一個熬過時間的超好方法就是跟身旁的其他參賽者聊天。你前進的速度不快，賽程又很長，還真能認識其他參賽者，彼此聊一聊。我跟一些參賽者成為很好的朋友，因為有共同的經歷和回憶。」你們是一起匍匐爬過冰冷泥巴的戰友，彼此的情誼自然有別於其他人。阿梅莉亞說：「同甘共苦會把人緊緊連繫起來。」許多人有幸不必經常面對某些痛苦，但古往今來多數時候（甚至現在），很多地方的人們集體受苦於飢餓、寒冷或疾病，共同的苦難使眾人連繫起來，而非兵戎相向，這大概是人類能存續至今的原因。

而受苦之後會有喜悅，「在這些比賽上，朝陽的升起最為動人。」在英格蘭鎮的那個寒夜是她第一次徹夜奔跑，「我這輩子沒有這麼冷過。」她手指痛，腳趾痛，全身都痛，心裡卻很感恩，因為疼痛代表了身體機能正常。接著，在陰鬱的黑暗中，第一道晨曦從冰寒大地透了出來，「我從沒這麼高興看到太陽。」她熬了過來，完成比賽。平時的日出沒什麼特別，週日清晨在路上開車的人看到日出也許若無其事，但在那個天寒地凍的清晨，阿梅莉亞彷彿掙得了日出，讓平凡變得美好。

## 快樂是尋找來的

許多人正是為了追尋美好的時刻，才掙扎地挺過種種艱苦時刻。美好有很多形式，有時體現在對困境的全然接受。萊拉說：「我還記得某個半夜曾哭著跟老公說：『這種事不該發生在我們身上。』他說：『就是發生了。苦難是人生的一部分。』」現在她已跨越到治療的另一邊，而這種接受在許多方面為她帶來自由。如今她把時間花在唱歌、寫歌、彈吉他和接觸大自然，「現在我少花很多時間在『擔心未來』這件事上。如果你在苦難中學到改變，也就苦得值得了。」

這些改變和美好的時刻可能出現在各種情況。也許你從開頭就碰到一連串糟糕的約會，而某次赫然發覺對桌的那個人講了很有趣的話；雖然這並不保證未來的愛情和婚姻，但能讓你重拾信心，知道約會不見得都很糟。可能某晚你在公司挑燈夜戰，赫然明白雖然公司正在衰敗，但你非常欣賞其中一位同事，日後會想再與他共事，或許那就是你來這間公司工作的意義。

養育孩子也會有很多這種時刻。雖然日子很漫長，但一些方法能讓這種日子過得去，有些真正快樂的時刻。我帶孩子的歲月，上午一般會依天氣規畫外出的行程：下雪去兒童博物館，晴天去動物園；也許一起為老虎驚呼，或是開心地坐旋轉木馬。中午左右回家，然後年幼的孩子睡午覺，年長的孩子看電視或書，我這大人則有兩小時的空閒，如果運氣好甚至有三小時。午覺後可以出去辦事或玩遊樂設施，跟別人家小孩約好一起玩也不賴。傍晚五點半回家吃晚餐，讓孩子們洗澡並換上最好看的睡衣，年幼的在七點半左右上床睡覺，年長的在九點左右去睡，然後我可以享受大人的休息時間，直到大約十點半開始想睡為止，並在內心期望大家都能睡到早上六點才醒來。

基本上，這是做得到的，但在艾力克斯剛出生的前幾年不是這樣，他讓我希望大家早上六點才醒來的美夢破滅。那時他長期無法一夜好眠，很多次在凌晨五點前後醒來，甚至常常四點半就醒了。如果他是個乖小孩那還沒關係，但他才不是呢！還沒吃早飯就興沖沖地行動，比當年哥哥姊姊們早很多學會怎麼爬出嬰兒床。我們有為門加裝兒童鎖，但他又踢又叫，就算我不想理他，還是會被吵得睡不了。

有一次我進浴室，只是把他留在廚房裡幾分鐘，回去時發現他竟爬上了流理台，把整罐魚飼料倒進魚缸，我們可憐的魚沒能挺過這關。另一個早晨我先生外出，我讓艾力克斯拿著他的電子書播放器看影片，然後去沖澡，卻突然感覺他不在浴室了，於是連忙出浴室跑下樓，發現他再次爬上流理台，正準備把整壺熱咖啡拿起來灑在自己身上，我猜他是想幫忙（媽咪早上喜歡喝咖啡，我來幫她倒），但真是把人給嚇死了。

一大清早的好幾小時必須當心防範魚被害死或寶寶被燙傷。如果我先生在家，還可以跟他換個手，但他好像總能找到各式各樣不在家的理由；就算我可以在週日早上六點跟他換手，但寶寶可是四點半就醒來——真是早到不行。在漫長黑暗的凌晨要熬過這些時間，通常會看很多次時鐘，跟本書理念正好相反。明知一生時間有限，卻希望這些分秒快點過去，這真是一種殘酷的盼望。

我也希望能寫下一個峰迴路轉的轉折，像是「然後他抱著我說：『媽咪我愛妳』，一切都值得了！」但真實人生並不是照著故事情節走。他說過「我愛你」，那很不錯，而我也很感恩自己能有一個健康快樂的孩子，但他可是在凌晨四點半就醒來呀！如果他不只健康快樂，還能到六點才醒來，那我一定會更加感激。這樣痛苦的早晨持續了兩年多，我只好把睡覺時間調得比原本預期的早很多，以期達到自己習慣的七．四小時睡眠時數，但去工作時仍精神不濟。

在某些悲慘的時刻，平凡事物更顯得可貴。當你筋疲力盡時喝下第一口咖啡（星巴克深度烘焙之類的好咖啡），整個人感覺像活了過來。我會加真正的鮮奶油，畢竟凌晨四點四十五分可別屈就於脫脂牛奶。我沒像阿梅莉亞·布恩那樣在寒夜裡拚一整晚，但你若醒來好幾小時，看到日出仍會覺得很美好。

我記得某次我們去里霍伯斯灘（Rehoboth Beach）度假，艾力克斯凌晨四點半醒過來，我推著嬰兒車出去，看見火紅的旭日從大西洋升起，天空透著粉紅與橙紅，像步道旁冰淇淋店繽紛的雪酪一般。我在成年後有很長時間不曾看過日出，眼前這景象有如獎品，多虧兒子醒來我才能得到。一路走來，我為許多小小的里程碑歡呼，例如：他開始能乖乖盯著電視十分鐘時。說到投資快樂，有時我出差回家會避開紅眼班機，等白天再飛，寧可在旅館好好多睡一晚。

這些做法都頗有幫助，但我最重要的發現是：快樂是一門課題。本章開頭引用海明威令人嘆息的句子：「快樂的聰明人，是我所知世上最稀罕的東西。」這話可沒說錯。愛思考的人自然會建構一些說法去解釋人生，但想避免負面影響整體認知必須花費許多功夫，很多聰明人做不到，也就容易擔憂。

我是老手媽媽，知道艾力克斯的情況會好轉，後來也確實慢慢好轉，而且完全把他剛出生的那幾年看為艱苦時光也不對，一路上還有很多其他快樂，在凌晨四點半被吵醒的我也許很悲慘，但後來把大孩子們送到遊樂場後卻覺得自己站在世界頂端。或許我在凌晨四點半醒來，不過傍晚也在門廊愉快地讀書並欣賞落日。

**快樂的課題是知道凡事會過去，還有凡事很美好**。這認知不容易，但好人生不總是容易的。快樂需要努力，難以不勞而獲，你需要多多投資快樂，多多得到快樂利息。

第 6 章

# 放掉不切實際的期望

「滴水會穿石。」

——奧維德（Ovid），

《黑海書簡·第四卷》（*Epistulae ex Ponto IV*）

## 不再責怪自己，才有更好的發揮

我在部落格上有時會幫願意讓我發表的網友做「時間診斷」。蘿倫．馬恰德是位六十六歲的加拿大畫家，住在薩斯喀徹溫省，於二〇一六年夏天向我尋求協助，她自稱沒有想像中那麼有「效能」，剛開始交流時，蘿倫似乎在尋求如何做好更多事情的正規建議，並慨嘆創作時常分神。根據為期一週的時間紀錄，她花四十一小時在多項工作上，包括監督藝術家駐村計畫、行政事務，以及在當地超市兼職，其中只有十二小時是花在她的優先事項：作畫。

她想改變時間分配，所以我給了本書前面提到的建議：先留給你自己。當你有需要創作或動腦的工作，同時又有公事要處理，若把創作留到一天或一週的最後，很可能會沒有時間去做，但如果你先把事情安排在週一上午（像第五章的凱薩琳．路易斯那樣），則能好好完成。

蘿倫聽了覺得有理，打算在週一九點半先到畫室，其餘有空的時間也去。

一陣子過後，她卻分享自己碰到十分挫折的一週，還想到幾個生活和工作上的事情想要告訴我。

原來她先前幾十年在畫壇成績出色，開了二十幾場個展和雙人聯展，外加四十場多人聯展。你讀到這裡也許會認為她居住在大城市，但其實她住在「名符其實的窮鄉僻壤」，瓦勒瑪麗村僅有約一百三十位居民，距離最近的城鎮一百一十公里遠，位於草原國家公園外，風景壯闊，很適合執行她所監督的藝術家駐村計畫，她也很愛這個大家庭（而在當地超市兼職的一大目的，就是為了多多遇到左鄰右舍）。但地處偏遠也有缺點，她需要千里迢迢開車去看醫生或採買畫具，若需要什麼專業服務，也只能求專業人員大發慈悲過來這個窮鄉僻壤。

她說：「我喜歡這裡的風景，開銷也低，所以很高興能搬來這裡，但在這裡從事藝術工作確實不容易，尤其我六十六歲了，體力只會愈來愈差。」

地處偏僻是個問題，但不僅如此，「如今我明白，今年稍早的時候我整個累垮，還遇到創作瓶頸，直到現在還在掙扎。我在高峰期的創作速度本來就慢，何況現在絕對不是高峰期。」

有了這些背景認識後，我們再來談她那十分挫折的一週。她說：「碰到各種干擾，包括看醫生的事、工作的事、合約的事，以及裝幫浦的事。我完全同意一天裡最寶貴的時間要用來做最重要的事，所以週一早上列出所有其他事項，都之後再處理，在畫室裡足足創作快六個小時。」

可惜「這週接下來的時間都無法這樣」。

週二她開了一百一十公里去某間鄉下醫院驗血，卻有點小併發症，「週三再次為同一件事千里迢迢開車過去」。週三上午請水電工替她家的水井裝新幫浦，而新來的駐村藝術家走了。她說：「我每天下午都抽出些時間進畫室，但時間比我所希望的短。週四是我的工作日（超市兼職），而且因為人手臨時短缺，不只上午工作，而是整整做了六小時。週五我覺得很累，直到下午才進畫室。」

不只如此，「新幫浦怪怪的，供水不穩。」她得等水電工來，但哪時來並不知道。她的理想情況是：「每週要有五天從上午九點畫到下午四點，之後去散個步。但實際上，每年這時候到四點還超過攝氏三十度，水跟電都罷工，每幅畫花費的時間比想像中久，比想像中累。」

我檢視她的時間紀錄，想著把外出辦的事排在一起，畢竟一趟要超過一百公里，影響甚大。但我也注意到另一件重要的事：在這充滿挫折的一週，她在畫室裡待了十六．五小時，而前一週她才待了十二小時。其實她有進畫室，也增加了在那裡的時間，這實在可喜可賀。唯一的問題是結果不符她的期望。扣除幫浦和看診，她的挫折感很可能有礙創作力的發揮。

所以我回信給她：「從另一個角度看，別對自己那麼苛求。如妳所說，妳還在從先前的累垮中恢復，有時這需要一點時間。遇到創作瓶頸的人可能完全沒有動筆，既然妳畫了十六．五小時，已經好得多了。」

她可以預先留創作時間給自己，但也能反覆告訴自己：「**畫得了就畫，畫不了就放鬆一點**。」

蘿倫決定試著從這個角度去看。她繼續把週一上午留給畫畫，至於不在畫室的時間也不要有罪惡感，而是安排一些讓自己感到愉快的活動，例如：與朋友喝咖啡、週六晚上享用大餐……。

結果她感覺到一種解放。雖然花整個早上陪同水電工，但她知道要挖新的井，「感覺就像是在放假」，她說：「原因是我不在擠不出時間畫畫時，還硬想擠出時間。」她展望下一週，寫道：「這週的週三、週五和週六當中，至少要有兩天畫畫，但日子會怎麼過就怎麼過。」如果能畫畫，很好；如果沒畫畫，也很好。

擺脫期望後，對情況一樣艱難的下一週有幫助。她家的水管系統幾乎完全壞了，所以只好把衣服拿到朋友家洗，沖一分鐘的戰鬥澡，拿小罐子幫花園澆水。她說：「如果能畫畫就很開心，但如果哪天我太累或事情太多，不畫也沒關係。」結果她有四天進畫室，大多是在上午，「每個有作畫的日子，我都非常開心，感覺很好。我想能開心的部分原因在於：就算別天沒畫也行。當然，我仍想有更多時間畫畫，但如果不行，也不會那麼責怪自己。」

當她不再責怪自己之後，反而發揮出極高的創作能量。她善用在畫室的時間，以油彩畫花，探索光線對花瓣、玻璃瓶和水的影響。幾週後她跟我說：「昨天我畫完了四月以來的第一幅畫，現在正思考怎麼畫下一幅。」

後來，她很快發展出一系列的植物畫作，並說：「今天晚一點我會把畫好的畫傳到網站上。之前從沒想到會有這一天。」

## 你只有這些時間，盡力就好

雖然我沒有住過薩斯喀徹溫省，但對蘿倫最初的沮喪感同身受。隨便舉最近某週的家中雜事為例，水電工先後兩天過來研究我們家汙水系統的問題，任何屋主都不想花一堆錢和時間在這件鳥事上。女兒盧絲要參加幼稚園半天的學習活動，之後還要去看醫生（先前她在兒童健康檢查時，因為耳朵感染而沒通過聽力測驗）。

這些事當然都能轉向感恩的角度：女兒的聽力沒問題！我們家附近的幼稚園很好！我有錢替家中的設備升級！不過週二下午我先把四個孩子載到傑斯柏的空手道班上，然後再去修休旅車。我想起有些書籍作者在致謝時會感謝家人包容他們數月閉關寫書，常會想像他們完全躲在閣樓裡，所以得為了沒和家人一起吃晚餐鄭重道歉。

但我的生活不是這樣安排。

我們很容易因為這些事感到沮喪。我試著不填滿時間，但它有時候總會被填滿，例如：我發現整週都很忙，只有一個早上完全沒事，其他時段加起來只有九十分鐘的空檔。不過有趣的事發生了。我告訴自己：「**沒關係，妳只有這些時間，盡力就好。**」結果卻出乎意料，我可以在幾小時裡寫出一篇文章的底稿，並用那九十分鐘空檔修改好文章。的確，當我告訴自己盡力就好時，即使只做了一點點，也好過完全沒做，而那一點點可以累積起來。

**每個人擁有的時間一樣多，所以如果想感覺時間多得不得了，其實關乎你的期**

**望為何**。有些受苦（我們必須學著擅長面對它）無可避免，有些受苦則是自找的。我們很常在期望高於現實時受苦，而這種受苦正是浪費時間的主因。心痛與後悔會吃掉你的時間，以致無法享受時間。雖然網路上充斥著偽造的佛家語，不過我很喜歡以下幾句真正的《法句經》經文：[1]

若於此世界，為惡欲纏縛，
憂苦日增長，如毘羅得雨。
若於此世界，降難降愛欲，
憂苦自除落，如水滴蓮葉。

如果我們放掉不切實際的渴望，就能更放鬆地看待時間。不過這很神奇，說來雖然矛盾，但我非常相信如果持續達成偏低的期望，日積月累可以成就非凡。孩子在一歲時牙牙學語，到三歲時能完整對答，中間那兩年不是靠硬逼，見他進步緩慢就斥責，而是每天稱讚他學到了新字。俗諺有云：「滴水穿石。」這不是靠硬逼，而是靠持續。

可以就畫畫，不行就放鬆。夠好就是夠好，並不是偷懶的藉口。放掉期望也包含「能長時間工作就去做」，不過在創作或真正享受人生時，放鬆地做——持續放鬆地做——同樣能帶來出色的成果。

這一章談論**放掉不當的期望來為時間鬆綁**。這有很多形式，基本上關乎我們的決定、目標和關係。

## 捨棄「最好」追求「夠好」

對許多人來說，下決定是煩惱的主要來源，某些個性的人尤其如此。加州大學教授貝瑞．史瓦茲（Barry Schwartz）在著作《我們為何工作》（*Why We Work*）中，把人分為「極大化者」和「滿足者」：

- 極大化者想要最好的選擇。
- 滿足者有一套標準，只要能滿足就好。

「追求最好」似乎是一種很正面的特質。我的孩子們在空手道班上會喊著：「我要成為最棒的！」從來沒有激勵導師會把下面這句話掛在嘴邊：「我很隨遇而安！一向很隨遇而安！」

但史瓦茲的研究指出，滿足者不會浪費時間一直去想各項決定和期望，所以通常比極大化者快樂。追求完美的人如果沒做出完美決定，就很容易感到懊悔。二〇一六年，我為《快公司》雜誌（*Fast Company*）訪問史瓦茲，[2]他說：「如果你想找到最好的工作，那麼無論某個工作有多好，只要你哪天不順，就會覺得外頭還有更好的。」這時一天不順就不只是一天不順，而是反映整個人生都走錯了。

追求完美的人也容易拿自己跟別人比較。史瓦茲說：「如果你追尋完美，絕對會跟人比較。」如果你的房子要是最好的房子，別人的房子一定都得輸你，所以你必須去看每個人的房子，而世界上有七十億人，絕對有人房子比你更好，甚至你在Instagram上追蹤的四百六十八個人裡面就有這種人。於是你嫉妒，並因此產生痛苦。小說家約瑟夫．艾普斯坦（Joseph Epstein）寫道：「綜觀七宗罪，唯獨嫉妒一點也不好玩。」[3]

相較之下，史瓦茲說滿足者明白「『最好』是個可笑概念。根本就沒有什麼最好」。柏拉圖的理想國不存在於真實世界，只在你大學時連翻都沒翻過的古典哲學課本裡。在現實生活中，我們面對金錢、時間和物理上的限制。就算真有一間全世界最好的房子，你大概也買不起。

滿足者做決定時有一組重點標準，例如：房子離工作地點近不近、廚房需要多少改裝、浴室有幾間。標準可以很隨興，若你認為重點是房子要棒到讓親戚哇一聲地叫出來，那也是不錯的標準。

要知道，如果**能滿足重點標準就很好**，**「夠好」幾乎永遠都會夠好**。當你「最好」的房子輸給別人，可能就快樂不起來；但如果你選房子是依據離公司近、有四個房間和美麗的前院，那麼不論朋友的房子怎麼樣，當你開進自家車道時仍會面露微笑。

如果這標準適用於房子，大概也適用於戀愛，雖然人對於愛情更難想通。一個人若是在愛情裡求完美，就永遠定不下來。不妨反過來想，除非你本身是完美的另一半，否則你也不過是在尋找願意跟你定下來的對象。愛情在剛開始充滿新鮮和不確定，散發著耀眼的光芒。在塵埃落定之後，兩人不免會為財務、子女的教養和家中汙水系統起爭執，這時極大化者會認為自己選錯了配偶，但**滿足者知道每個人都**

**選錯了人，因為沒有所謂「對的人」**。所有關係都需要努力維繫，哲學家（兼小說家）艾倫．狄波頓（Alain de Botton）寫道：[4]「選擇定下終身的對象，只不過是選擇我們最想承受哪種痛苦。」你尋覓讓你承受不同痛苦的對象，選一個性格好的人，一個對你有吸引力的人，然後避免災難，努力走下去，這是通往永遠幸福快樂的真正道路。

快樂是一個「讓夠好就夠好」的好理由，不過從這本書的角度來看，重點在於**「滿足能節省超多時間」**。

我和先生都是不折不扣的滿足者。我們把結婚日期定在訂婚大約六個月後，後來我才知道這樣算是滿快的，不過我在第一天挑婚紗時就決定了，看城裡哪間花店評價不錯，就交給他們負責。在我看來，為了有更多時間思考結婚蛋糕怎麼裝飾而把婚禮拖到一年後，真是有點發神經。

婚後也是這樣。我們搬到賓州後是這樣選幼稚園的：有些朋友的小孩讀我們新家附近的幼稚園，他們覺得不錯，我和先生就想說我們應該也會喜歡，而這同樣適用於消費。如果先生的姊姊生活跟你們差不多，那麼她滿意的車，妳大概也會滿意，我就是這樣選了日系豪華轎車Acura MDX。你可以花好幾週研究手機，也可以打給剛換手機的朋友問他選了哪支，然後就選同一支。如果我參加公事飯局，要不就點凱薩沙拉（絕大多數餐廳似乎都有賣），要不就是請服務生推薦，這樣能把注意力放在客戶而非菜單上。

既然滿足能夠省下大量的時間，那麼一個問題來了：「極大化者能不能變成滿足者？」我和傾向極大化者的友人分享自己的點餐習慣，她瞪大的雙眼彷彿在說：「萬一服務生只是把廚房想趕快賣掉的餐點說出口呢？」我心中的滿足者覺得很好笑，就算如此，那又怎樣？這又不是我死前最後一餐，甚至不見得是我在這間餐廳的最後一餐，下次我會點別的餐點。這不是該傷腦筋的決定，不過對極大化者來說，做決定當然得花腦筋。

史瓦茲認為人可以學著滿足，雖然這不見得容易做到。人是位於一道光譜上，而且沒有人能夠事事求完美。一個人可能花好幾個月苦思哪款車「最好」，但選垃圾袋則是哪款特價就買它。

所以如果你讀了前幾段並知道自己是極大化者，要知道你並不需要重學一個全新的技能，只是把現有技能轉個方向，幫助自己省下更多時間。當極大化的習慣冒出來時（例如：選擇下個月長假要住的旅館），不妨就選朋友提過的，再不然就選以前住過的連鎖旅館。住完之後可以想想是否留意到什麼大缺點，我猜大概想不到！大多數旅館其實都還不錯，就像大多數餐廳都還算好吃，大多數行李箱也還算堅固。

如果你跟別人比較後會感覺很差，那就不要去看別人的選擇。我們有很多理由不上社群媒體，**安於「夠好」並因此開心，這種態度對每個人都好**。

有些揮別極大化者心態的人告訴我，現在他們大幅擺脫時間壓力或比較心態。楊雪莉是餐飲行銷人員，她之前長期忍受舊房子的各種問題，「我不想在大筆投資上犯錯，並承受好幾年的苦果。」但後來她決定賣房子，突然必須解決房子的那些問題，由於之後她不必住那裡，所以「能迅速做出所有決定，從最中立的角度去看」。結果，她很有設計直覺，「房子改完之後很棒，但我們只享受三個月就搬出去了。」到了新家，她也迅速做好決定，以免自己挑三揀四。

**如果你在某件事上猶豫不決，那麼「設定期限」會有幫助**，例如：在五分鐘內決定要去哪間餐廳，你甚至可以假裝自己是要推薦給一群不太熟的人。當警鈴響起，就選擇目前找到最好的選項，然後為自己的高效率開心。如果你是花五分鐘而非一小時決定午餐在哪吃，省下的時間可以留在餐廳裡享用甜點。

## 讓好習慣成為助力

不當期望還會在「目標」上導致時間的浪費。本書在談論效能，沒道理否定目標的價值，所以我並不打算否定。長程目標可以為現在指出方向，有時能幫助我們熬過艱難的當下。

但我認為人們設定目標的方式時常有礙效能，過度關注結果：減掉七公斤或讓公司營收達到一百萬美元。在通往結果的路上經常有高低起伏，這可能令人氣餒，雖然很多起落並非人所能掌控，但我們卻浪費時間隨數字起舞。

比較好的做法是關注「過程目標」，也就是「習慣」的別稱。這些能為你所掌控，而且時常實行就能逐漸帶來所希望的結果。相較之下，只關注結果反而容易鼓勵人抄近路，就像新聞常報導有銀行職員靠捏造數字賺取獎金。

舉例來說，一個人可以不把目標設定成「減七公斤」，而是決定每天運動，喝白開水而非含糖飲料，多吃青菜與水果，晚上八點半後不吃零食。拚事業的人可以決心每週找五個新客戶，每季重找一次舊客戶。

目標常會伴隨對失敗的擔憂與害怕，但如果你關注過程，那麼在關注結果時感覺到的失敗也許並非真正的失敗。

我是很愛設定目標的人，必須時常如此提醒自己。先前我在部落格上公開分享了二〇一六年第一季的一個目標，也就是達成我在《活氧雜誌》（*oxygen magazine*）看到的十八分鐘速度訓練。整個漸進的跑步訓練是：有兩分鐘要達到時速九．七公里，有兩分鐘要達到時速十一．三公里，有兩分鐘要達到時速十二．九公里，有兩分鐘要達到時速十四．五公里。不過我始終無法完全達到，最多練到以時速十四．五公里撐九十秒，還差點從跑步機上摔下來。

我訪問一個目標專家時為了這件事嘆息，但他提醒我，那些數字根本是憑空掉下來的，沒那麼神奇，重點是我在三月三十一日跑得比一月一日快。在練習過程中，我做了很多原本沒想過能做到的事，例如：在八分鐘內跑完一．六公里，進行時速十六公里的短跑衝刺，如果自認失敗，等於貶低了這些苦工。專注在練習本身也許是比較聰明的做法，每當我做完短跑訓練就知道自己有進步。小小的進步能日積月累。

沒錯，**如果你想要維持一個習慣，我會建議盡量讓過程目標愈可行愈好，把目標分割得小到讓你不會抗拒去做，以此獲得成就感，進一步推動自己。**這些小小的目標「聊勝於無」。

那些延續最久的目標都關乎小小的目標。我一向很佩服某些人能數十年如一日的天天做某件事，[5]原因也許在於「我父親就是這種人」。一九七七年夏天，我父親在北卡羅萊納大學擔任宗教學教授，當時三十一歲的他決定要更常讀希伯來文。原本他已經在教希伯來文，研究過古聖經的經文，想把語言學習加入生活中，於是開始每天讀希伯來文三十分鐘，結果一路至今就讀了四十年。他說在一九八〇年代的某天，他讀了十分鐘後被打斷，沒再讀完，但扣掉那一天，可以說是天天達標。父親在我出生的那天讀了，在我弟弟出生的那天讀了，甚至連在眼睛開刀那兩天都想辦法讀了——前一晚熬夜超過十二點後開始讀，在手術第二天最後視力恢復到能閱讀。

我遺傳到父親的不少個性，但在二〇一七年之前從未嘗試有意識地建立某個長期習慣。這裡之所以用「有意識」三個字，是因為我有個延續幾十年的習慣，就是每天刷牙。我也很確定，從有記憶以來我就是在每二十四小時內吃飯睡覺。雖然不在二十四小時裡做這些事也有可能，但做了感覺比較對。擁有長期習慣的人，對於自身的習慣往往就是這種感覺。

我無法天天讀希伯來文，但確實滿喜歡跑步的，也愛設定跑步目標，所以在二〇一六年末的假日（沒達成十八分鐘速度訓練的九個月後），我決定做不同的嘗試：建立長期的跑步習慣。我要盡量每天至少跑一．六公里，這只是個小小目標，沒什麼大不了，但我就想看看會有什麼效果。

結果小小的目標很有效地讓我跑更多。我沒有每天都想跑步，但反正才一．六公里，通常花不到十分鐘。即使在最糟的日子，跑得很慢啦，鼻子塞住啦，寶寶超早起啦，我還是能拖著腳步，以時速八公里跑十二分鐘來完成。既然知道只要十二分鐘就結束了，所以可以硬著頭皮跑。不過以跑步來說，一開始通常最難，我跑完一．六公里後會覺得繼續跑下去也不錯，這時我不必再跑，只是想跑就可以跑，而我通常會想跑。

這個跑步習慣改變了我與自己的對話。問題不再是我要不要跑，而是什麼時候跑，這就只看要如何衡量行程表。當問題是什麼時候跑，大多能稍微跑一下。撐過一開始的幾次麻煩後（有一天我肚子痛，靠先見之明在開始吐之前就去跑，然後像我父親動眼睛手術那樣休息，隔天晚上就恢復到能跑步了），我明白要不要跑下去操之在我，於是跑了。就算某天我住在旅館，外頭下雪，館內健身房的跑步機又壞了，我還是能在房間裡繞著跑。三十天變成六十天，然後一百天，接著三百天，一直一直跑下去。

我並不想大肆宣揚，因為我知道這個習慣可能會結束，搞不好在這本書出版前就斷了，絕不可能像我爸那樣一做四十年。我也很懂自己，知道可能會有「繃緊」的衝動讓習慣來掌控我，而非我去掌控習慣。我一度開始跑一．七六公里，而不只是一．六公里，以此彌補剛開始在跑步機上不自覺地步行。

不管怎樣，這裡有個啟示。根據我的跑步紀錄，我靠這個習慣經常一天至少跑五公里。如果我一開始就把「每天跑五公里」設為目標，應該沒辦法持續下去，因為這對其他只有跑一．六公里的日子太艱困了。降低期望能減少阻力，反而成就大事。

## 凡事設時限，完成比完美重要

我研究某些多產者是如何看似放鬆卻做了很多事，並發現了一個普遍的祕訣：由小小的動作日積月累。跨出一小步，再一小步，達成小小的目標，然後繼續往前進。只要時常邁開步伐，慢慢積累就能讓不可能的事成真。

小說家凱蒂．卡農（Katy Cannon）多年來建立這種持續漸進的觀點。二〇一三年初，她出版第一本小說，女兒也滿四歲了。根據合約，她六個月後要交出第二本小說，這聽起來會是工作與生活的大災難，但她做到了，甚至在二〇一六年交出五本長篇小說、一本中篇小說和三本短篇小說（筆名是蘇菲．彭布羅克）。

她如此多產的訣竅如下：花兩週擬定小說的計畫，列出場景，與編輯討論角色和情節，然後一小段、一小段集中火力寫作。她設定計時器，在二十至三十分鐘間全神貫注，可以寫八百至一千字，一天這樣進行兩、三輪，寫下兩千至三千字。

這字數不算多，我想很多公司職員一天打的信件字數就將近兩千字了，但對她來說兩千字很夠，因為她一直持續寫下去。一週這樣工作四天，大概就能寫出一萬字，所以七至八週就能寫出七萬至八萬字，再加進兩週事前計畫和兩週改稿的時間，十一至十二週能交出一整本小說。

這些小說是完美之作嗎？不是，不過沒有任何小說是完美之作，就連花十二年寫出來的小說也不會完美無缺，還有一些完美大作更不曾從作者的腦中生出來，連談都不用談。她把小說寫完並出版問世，為讀者帶來愉快的閱讀體驗。**完成好過完美，因為沒有完成談何完美？**

而這種速度還有一些實際的原因，凱蒂說：「我沒時間閒閒坐著等靈感冒出來，因為我有帳單要繳！」

不過有些也是經驗的累積，而且規律寫作自然會形成正向循環。她寫愈多書，點子也愈多，所以前一本書才正要出版，她已準備好寫下一本了。她寫愈多書，效率就愈高，「我能在問題出現前就先想到，很少寫之後行不通的東西。」她寫愈多書，故事愈深入，「每個角色從一開始就在故事裡站穩一個位置。每個場景愈來愈緊密，背後都有兩、三個作用。」

當她持續寫下去，愈來愈多東西很快到位，所以她不需要先想太多，不會痛苦到無法寫下介紹一個配角的八百字段落，腦中還想著另外兩個角色之後要吵架。這些場景會有時間寫，之後會有時間修得更好。此外，這些事不必花上好幾年。她說：「你以為需要花的時間基本上沒必要，超過一個點後就不值得了。」

## 不被期望綁架，對生活寬容

放掉期望讓人減少痛苦並生出時間，最後一個方面是「人際關係」，包括對自己。一般來說，把時間花在別人身上很好，這點我們下一章會再詳談，但我們得接受別人原本的樣子。每個人都會變，但只該因為他們自己決定要變，而不是別人花許多時間希望他們改變。

養育孩子是一個放掉期望的漫長學習。這學習從很早就已開始，原本在網路上看起來很好的嬰兒托育中心竟然半夜兩點要換床單；原以為很乖的自家小孩竟然在幼稚園亂咬所有同學；全家人不會每天一起吃晚餐，就算會吃也可能是擺一大堆雞塊；小朋友看太多電視，考試成績不好；小孩成績好也不代表一切都好，嫌考試太簡單的孩子可能覺得超無聊，並開始打一些壞主意。到處有不順的事，你也許花一大筆錢去迪士尼樂園，結果小孩不肯離開旅館游泳池。

你可能花很多時間希望能改變孩子，其中有些事情會成功，例如：餐桌禮儀和刷牙。但你的孩子不是你的孩子，而是他自己人生的主人。如果他們成功擺脫外加的期望，往往能表現得很好。接受孩子原本的樣子能省下很多時間，而且更重要的是，能夠帶來很多快樂。

我也相信，就像從小到大接受別人的樣子一般，我們也要接受自己的樣子；善待他們，也善待自己。這樣**放掉期望，才有進步的可能**。我寫作寫得很挫折時，喜歡讀海明威在《流動的饗宴》（*A Moveable Feast*）裡對自己說的話：[6]「別擔心，你先前都在寫，現在也會寫。你所需要的只是寫下一個真實的句子，一個你所知最真實的句子。」作家會為一句擔憂什麼？這裡寫一段，那裡寫一段。溫柔堅持，需要的字句自然會出來。**愛（包括愛自己）是耐心，亦即對時間的寬容**。

蘿倫．馬恰德在隔年對自己的心態就有這種改變。她說：「『能畫就畫』的想法讓我大為不同。我因而明白，因為不在畫室而給自己壓力其實無濟於事，反而讓我在有時間時沒那麼有勁。而那也幫助我明白，畫畫所帶來的感覺比其他工作都可貴。」

當畫畫帶來的是愉快而非壓力，她發現自己會想畫出更多作品，把畫畫當成生活的第一要事。

蘿倫辭去超市的兼職，把多數的義務工作轉給別人，簽合約在二〇一七年三月展出那些光影迷離的植物畫作，待在畫室的時間增加一倍。她在二〇一六年完成三幅畫，之後火力全開，二〇一七年的前兩個月就完成五幅。

這很緊湊。她幾乎每天都去畫室。某個週六就要開展，她遲至週二下午三點才完成最後一幅畫，週五送去畫廊，「油彩要一些時間才會乾，整幅畫軟到無法用大塑膠袋裝。」但展覽很成功，參觀人潮踴躍，畫也賣得很好。

這讓她引以為傲。把畫畫擺在第一位很令人開心，但對沒有畫畫的時間她也看得很開，「有點意外的是，我並未因為沒早點做這決定而自責。先前沒做就沒做，現在做了就好。」這意謂著放掉其他東西，像她頗懷念先前在超市工作能碰到鄰人的時光，「不過我會找其他沒那麼累人的來往方式。完全當個畫家的感覺真好，為其他人而做的安排都相形失色。」

第 7 章

# 把時間花在別人身上

「倘若找朋友只為殺時間，哪算什麼朋友？你該找他一同活出時間。」

——黎巴嫩作家紀伯倫，《先知》（*The Prophet*）

# 親友能為時間注入生命

幾年前，我為《快公司》雜誌撰寫談友誼的專題，與麥科塔和道格特同時進行電話訪談。[1]我一貫的做法是事先列出長長的提問清單，只要安靜下來就問下一題。然而當這對好友一開始聊天，我就知道不必費力讓她們多開口，而是踏入一段彷彿已進行幾十年的對話。光是一個字詞就能喚起共同回憶，惹得兩人哈哈大笑。她們還會替對方把話講完。

兩人的母親在德州互相認識，當她們二十來歲都住波士頓時，因為母親的鼓勵而碰了面，結果她們發現彼此都愛吃素和下廚。道格特比較成熟，做事井井有條，提議每週一可以一起煮晚餐，食譜總由她準備，而麥科塔表示「每次都有紅酒」。

後來，她們為了工作和家庭搬到不同城市（如今麥科塔住在愛達荷州的波西，道格特住在德州的奧斯汀）但彼此還是會通電話——雖然兩人其實都不愛講電話。道格特說，比起生活圈裡的人，她更常跟麥科塔說話。她們不只閒聊，還認真聊人生，討論目標和築夢，會閱讀相同的書並一起討論。

報導刊出之後我仍有與她們連絡，並且得知兩人的友誼就跟所有長年情誼一樣，絕非一帆風順。麥科塔如此描述道格特：「她對周圍所有人抱持很高的期望，我則是一向有點瘋瘋的。」她曾忘記回電給道格特。某次道格特說好來波西找她，她卻把波西的房子租給一個爵士樂團。

由於個性上的差異，她們起了第一次衝突，不過現在麥科塔覺得那是很好的重要回憶。當時兩人已經想好了週一的晚餐，但就在碰面前，麥科塔說有點想去聽一場外地講者的演講，問道格特是否介意把晚餐挪到別天。但道格特斷然地說：「不行，不行。我都已經想好食譜，食材也買了，到週三就不新鮮了。妳可以不弄，但我不要改期。」這時麥科塔才明白：「她認為我該負點責任。」

不過可別因此認為道格特不通人情，她不是那樣，只是希望麥科塔更尊重她的時間，為這段後來延續幾十年的友誼訂下規則。她知道如果麥科塔老是毀約，就不會想再繼續做朋友了。由於她希望兩人能維持友誼，所以不希望麥科塔像她不在乎的人那樣隨便毀約。麥科塔說：「我感覺自己被她認定為好朋友，並樂於迎接這挑戰。她詢問許多問題都很好，深深展現出對我的關懷。」

她們會聊該怎麼打造快樂的人生。道格特建議麥科塔做事更專注，麥科塔則幫助道格特放鬆。有時麥科塔會看著道格特龐大的下廚計畫，問她為什麼要提早幾天規畫晚餐吃什麼。她們協助彼此以不同的眼光看世界，這份友誼愈來愈有分量。麥科塔說：「她見證我成年後的所有轉變。」像是能退一步看待與同事間的齟齬。兩人一路扶持，「能好好生活並跟她分享，真的讓我感到很放鬆。」

道格特認為這樣分享人生的風雨陰晴，「使人生比較不孤獨、更有意義」。為人生增色就是交朋友的意義。黎巴嫩作家紀伯倫在《先知》裡寫道：[2]「撇開精神的深化，友誼即不具意義。」多數人都有像她們這樣的深厚情誼。有些人有幸跟伴侶、手足建立這種情誼，但我們也該知道，與其他對象建立深厚情誼能從許多方面讓人生更美好。跟摯友共度時光真是一種極真確的「無事一身輕」。確實，人們向我表達對時間管理整個概念的疑惑時，多半會區分成兩邊，一邊是工作時間，另一邊是跟家人、好友共度的放鬆時間，而兩者有點衝突。

我能理解這種想法。我很喜歡跟朋友在廚房裡聊人生，讓聊天時間從下午延長到晚上，並同意把人際放在一邊不太對。在這充斥著干擾的世界中，你必須決定把人際關係列為第一順位。我跟麥科塔單獨談話時，她說這段幾十年的友誼歸功於「道格特選擇持續好好維繫友誼」。道格特選擇把時間花在麥科塔身上，一直如此，並希望麥科塔也是這樣。當麥科塔對這段友誼有些動搖與猶豫時，她願意把事情說開。

這需要無比的留心，在忙碌生活中把注意力放在對方身上。這是個很棒的選擇，基本上把時間花在別人身上是很好的事，可惜這也是個困難的選擇，因為夾在工作和家人的需求之間。除非我們刻意努力，否則「維繫友誼」這件事幾乎都自動跑到待辦清單的最底層。朋友各奔東西，住在波西和奧斯汀的兩人永遠不會巧遇；伴侶住在一起變成室友；同事僅是過客，也只能如此；連讓你投入很多心力的小孩也變得陌生。我們夢想著能超脫一切，卻被現實狠狠拉回，只忙著確認學校通知單都有繳交回去。

真正的時間管理高手知道有些日子會很艱難。不過你仍能透過細心規畫和小小的儀式，增加跟別人共度的放鬆時間。你也能反覆提醒自己：**「時間花在別人身上很值得」，讓特定時刻變得更有意義。因為他們不只能幫你殺時間，還為時間注入生命。**

## 重要的人際關係讓你延壽

這章談論怎麼讓重要關係得到更多時間並好好善用。這能讓你活得更快樂，並且感覺更有時間。在我的時間感受調查中，一個人在三月週一跟親朋好友共度的時間愈多，時間感受分數往往愈高。根據時間紀錄，所有受試者平均主動花七十二分鐘跟親朋好友在一起，時間感受分數前二〇%的人花九十六分鐘，時間感受分數後二〇%的人花五十二分鐘。再強調一次，這不表示後二〇%的人時間比別人少，我傾向另一個看法：跟親朋好友共度的時間很放鬆，所以覺得有更多時間，花在推特上的時間則不是這樣。

時間感受分數前三%的人尤其明顯，他們的用語和後三%的人很不一樣，更常提到自己跟別人一起，例如：「跟小孩和狗狗一起散步／跑步」、「探朋友的病」、「全家一起吃飯」、「跟另一半聊天和吃飯」、「跟老婆一起做週一晚上的家務」。即使是一般活動，時間感受分數高的人會跟重視的對象一起做，時間感受分數低的人則不然，即使是同個屋簷下的家人也是一樣。

在我的調查中，非常同意「前一天有時間跟重要對象在一起」的人，整體平均更可能自認有時間做想做的事，比率高出十五%。長遠來看，把時間花在別人身上確實能增加你的時間。社會連結緊密的人壽命通常比較長，[3]身體也比較健康，這之間確實有些關連。雖然健康的人更可能結婚，較有精力拜訪親朋好友，但也有證據指出其中的因果，親友能減少你的壓力，讓你更懂得照顧自己，而他們也會照顧你，在你生病時為你打氣。所以在壽命這議題上，緊密的人際關係與戒菸的效果十分相近。

## 把人際關係排進你的目標計畫

所以把時間留給別人的那些人是怎麼規畫時間的？他們如何安排日子，得以時常像無事一身輕一般享受時間？

紀伯倫著作裡的先知在離開小鎮時，對鎮民說：「倘若找朋友只為殺時間，哪算什麼朋友？你該找他一同活出時間。」其中的智慧是體認到：人往往把人際關係排在待辦清單最底層。如果我能在下午三點左右把報告做完，那麼就找新同事一起喝咖啡；等我把所有信件回覆完就打給朋友；等我們讓小孩上床睡覺並收拾好家裡之後，再問另一半最近煩心的事怎麼樣了……這種規畫的缺點可想而知，在為事業和家庭忙碌的那些年，我們很容易覺得沒多少時間可花，空閒時大多筋疲力盡，只想花在看電視、滑手機之類輕鬆的事，不想多費功夫。

把時間花在別人身上的人避開前面那種陷阱，他們採取紀伯倫建議的做法，「找他一同活出時間」，認為「人際維繫」與「必須做到的工作」一樣重要。

雖然人們工作時常會做很多沒效率的事，但除了工時外，「工作」會占據在心理層面許多空間，原因是我們會思考工作未來怎麼發展，如何前行，何時實現。但很少人會對人際關係（尤其是私人關係）這樣想，雖然投入工作與人際的時間也許差不多（我的時間紀錄常顯示，每週四十小時花在工作，四十小時花在孩子和丈夫身上），有些超級家長可能也很關注孩子的智力發展，但主要是想訓練和管理，而非增進親子關係。

用面對工作的態度來對待關係，不是要你以十五分鐘為單位來規畫週末的家庭時間，或是寄發晚餐行事曆的會議邀請（雖然討論晚餐話題不算太可怕的點子），而是把人際關係的順位與目標加入所有長期計畫裡：

・如果你列出心願清單，分成三大類：工作、關係和個人。

．很多自我成長書建議讀者為自己寫悼辭。如果你寫了，想像那些誦讀悼辭的人，會舉出什麼事證明你們的密切關係？你是怎麼明確表達對他們的感情呢？

．如果你設定每季的目標，也用前面三大類（順帶一提，我發現每季目標比新年願望還有效），每季要有工作目標、關係目標和個人目標，一年裡就有十二個大目標，分別為它們設定達成期限。

．週五下午設定隔週計畫時，再次搬出三大類的概念。這提醒我們在三大類都應該有目標。當你依照三大類設定目標，就很難讓其中一大類整片空白！

工作目標很好理解，個人目標（例如：讀好書）也不難理解，但人際目標可能讓人有點困惑。我們不會把關係想成目標，但它確實可以是目標。既然我們不管怎樣都會面對人際，那麼有意識地將關係設為優先事項，可以讓它占據內心更多分量，而且看到行程表中這一類很空，會讓人有動力在這方面多下功夫。

讓關係自成一大類，也會讓人不再是有時間才做，而是一定會去做。不再是用來殺時間，而是活出時間。

## 用心與家人相處，共度有意義的時光

接下來要談我對關係分類的建議。我們通常把關係分為家人、朋友和同事，但更實際的方法是分成「每週見面數次的人」和「其他人」，分別採取不同做法。一類是在現有的大量時間裡創造更多意義，另一類是設法創造專注交流的時間。

伴侶和孩子絕對屬於第一類，同住一個屋簷下。就算你因為工作一週六十小時不在家，每晚睡八小時（一週共五十六小時），其餘醒著的時間還有五十二小時。如果平均每週有三晚出差在外，那也還有四晚在家，時間很多。

如果你在外頭工作，平日很多時間都花在「早上打理家人出門」、「晚上看功課」之類的事，週末很容易被平時沒做的家事和雜務占掉大半時間，其餘時間也難以放鬆，尤其有帶小孩的人更是如此——一下子要管理秩序，一下子要平息紛爭。在十月某次滿腹牢騷的健行期間，我計算了一下，如果我的四個孩子分別有七五％

的時間很開心，而他們的開心都是獨立事件，那麼四個孩子同時開心的概率只有大約三一．六％。

換句話說，就算我的四個孩子都很常感到開心，在三分之二的時間裡總有孩子會不開心。我很喜歡另外三分之一的時間，每個孩子都開開心心，也許是在游泳池裡玩水，也許是一起坐農用小卡車出遊，但我也明白很少有活動能讓全家一直樂在其中。有很棒的時刻，更有一路的跌跌撞撞。

所以我發現與孩子們創造快樂和回憶的最好方法，就是分別一對一相處。很多的相處是採取相同模式，例如：到山姆的班上唸故事書、帶傑斯柏去他想要的表演試鏡（沒帶弟弟妹妹分心）。每年夏天我會跟每個孩子分別過一個特別的「媽咪日」，由他們選活動（通常是到遊樂園玩），也常在他們生日前後再加一個單獨活動。孩子們很期待特殊活動，喜歡得到重視，如果他們有不開心的情緒，我也很快就能處理掉。我把他們當成獨立個體，而不是由我管轄的小隊成員。

許多人發現「一對一」的家人相處可以很好。歐唐尼爾是顧問公司老闆，他在二〇一七年替六個孫子安排「最棒孫子日」。在夏天開始前，他向我說明：「我跟太太在這個夏天要實行一個計畫，就是幫孫子們實現他們一直以來想做的事。」相較於口頭上說「我要更常去看孫子卡森的足球比賽」，做計畫的心態能讓這件事自動排到待辦清單前頭。雖然他常去看孫子，但通常都是大家一起碰面，往往還有其他名目。預先安排單獨活動可以帶來期待，創造更深的回憶，進而使時間延長。

所以歐唐尼爾不只更常去看五歲孫子卡森的足球比賽，還發現卡森很想跟爺爺一起去麥當勞，教爺爺怎麼打自己最愛的電玩遊戲。漢娜十三歲，會到爺爺的湖濱小屋玩，一起去吃豐盛的晚餐。坎雅十九歲，會跟爺爺上磨刀課，這是他們祖孫聯手下廚計畫的一部分。麥斯四歲，會和爺爺一起用樂高組東西，還要吃麥當勞。他說：「你可以坐等機會出現，也可以主動規畫。」當然，俗話說天有不測風雲，夏天結束後我請他更新進度，得知磨刀課很不錯，但麥斯摔斷手臂，組樂高的事只能順延；卡森很迷籃球，所以打電玩的事先擱一邊，改成一起去投籃。他說：「重點不是完全照計畫走，而是做出承諾。」他就這樣發揮創意，和孫子們度過許多原本不會有的獨特時光。

雖然這類特殊活動很不錯，但一對一的相處也可以很日常。人想要的通常不多，趁著在家時分別專心陪每個家人幾分鐘，這就是一個很好的關係目標，像是為孩子講睡前故事就不賴，如果再多待一會兒，看孩子是否有想聊什麼那就更好了。

就算是某些感覺沒效率的做法也是種機會。一位企業家告訴我，他和太太每天早上一起開車載兩個孩子上學。雖然輪流載比較有效率，但這讓夫妻倆在孩子下車後有獨處時間，每天能花幾分鐘好好單獨彼此陪伴，這對許多有孩子跟工作的伴侶實在難得。

當然，**一對一相處不是與家人度過有意義時光的唯一方法，重點在於有沒有心**。透過研究時間紀錄，我發現一個小想法就可能把無趣變得有味。很少人在早上八點到公司後，會不知道自己到下午一點之前該做什麼；但滿多人往往傍晚六點就回到家，但到十一點睡覺前都不知道要幹麼。正因如此，有些人會說沒時間從事自己的嗜好，但顯然在孩子睡著後還醒著兩小時甚至更久。拿出素描簿要費一番功夫，開電視則不用。有些人說沒時間陪小孩或伴侶，大多數的晚上卻都在家，而且有兩至三小時醒著的時間，他們只是沒有想到這些時間，所以時間彷彿不存在。

你可以為晚上（或一大早）訂一、兩個關係目標，讓時間有價值。若關係在你心中跟工作一樣重要，感覺時間會變得很多。即使你做的事客觀來說沒什麼，但依然有效。如果你和另一半正在處理報稅事宜，不妨用一些時間討論財務（和人生）目標。一起去試開新車可以變成約會，你也許能好好打扮並試開一輛高價的好車

——雖然知道不會買。我想最近自助食材配送服務很紅的其中一個原因在於，它讓原本平凡的工作（煮好晚餐端上桌）搖身一變，成為伴侶能一起試身手的活動。我們希望時間能更深刻，只是需要用點心思。

## 跟同事連絡感情，工作表現更好

家人有實際離得近這個優點，在職場中關係親近的同事亦然。我們花很多時間在工作（感覺占據人清醒的大多數時間，其實不然，不過真的很多），投資職場人際關係是很好的時間用法。當我們跟同事關係密切，工作表現往往會更好，也更樂在其中。工作很容易讓人巴不得時間趕快過去，任何把工作時間變得愉快的方法，也會改變我們對時間的感受。一邊是你在週日整天為週一即將到來而心煩，一邊是你樂於跟週一共事的對象一同度週日。

的確，同樣是人際相處，我相信工作關係和其他人際關係一樣，不過就像我們對家人那樣，由於有太多事情要做，所以只會把最後所剩的時間拿來連繫關係。在忙得不可開交、幾乎沒有空檔時，工作中與人相處的一面容易被忽略，我們甚至以「這跟工作無關」為擋箭牌。有些人自認時間管理做得「很好」，原因是他們沒浪費時間跟同事聊天。他們在公司裡把自己完全封閉，午餐時間也埋首工作，把事情一一做好。

這是一種做法，有時是為了趕特定的火車班次，有時是不想把公事帶回家做，但它有些缺點。身為管理階層，有效的管理不只是把分內工作做好，還有激勵同仁做出最佳成果。這涉及讓同仁了解和喜歡你，而想彼此有良好互動，唯一的方法是關心他們，展現出你對關係的在乎，有時跟同仁也能十分放鬆地自然相處。

這方法就連感覺冷冰冰的職業也適用。克里斯多福·布雷斯特在軍中待了十八年，現在任職於警界，他說雖然軍中有各種亂七八糟的事情，但「他們很擅長培育領導人才，而領導統御要回歸到人身上」。

好領導者從不硬逼人做事，所以能建立忠誠，如果克里斯多福帶領的弟兄在大太陽底下挖壕溝，他「不會窩在冷氣房裡舒服地喝咖啡」。他花很多時間培育未來的領袖，這「有賴於很多促膝長談，關起門來的私下交流，問對方：『你正怎麼讓自己變得更好？』」他知道何時該柔軟下來。

過去他多次派駐海外，與許多訓練精良的悍將共事，「你不會想到有人會坐在那裡哭著想念孩子，但這很常發生。」他會適時讓想家的士兵擱下手上任務，打電話回家。沒錯，即使在軍中，忠誠也是來自於一起共度的放鬆時光。他說：「在軍中，我們不見得會安排放鬆玩樂的時間，但在體能訓練期間，也許會用踢足球代替做伏地挺身。」相較於卡通裡那種鬼吼鬼叫的長官，適時放鬆並關心弟兄更能贏得信任，讓他們願意赴湯蹈火。

在一般社會也是如此。如果你有幸獲得晉升，原本那些看似跟工作無關的走廊閒聊或午餐談天，立時變得息息相關。在第四章出現過的安德魯．克林契是尼克森皮巴迪法律公司的執行長暨執行合夥人，他認為如果要拜訪哪間公司，一定不會錯過歡迎活動或其他聚會，「這是跟其他許多人相處的機會。參加聚會可以是很寶貴的時間。」這也大有好處，也許你為某個人解決了他小小的疑難雜症，這樣對方就不會帶著重要客戶投向競爭對手的懷抱。

就算你無意晉升為主管，想在職場成功仍有賴於人際關係。其他人也許對公司政策有高見，可能有你沒想過的點子，抑或是有前車之鑑可以分享。比起中午在自己的位置上悶著頭吃飯，去公司餐廳蒐集資訊更有效率。

**若你常跟同事連絡感情，在工作中也更容易有放鬆的時間。**一般人談到工作與生活的平衡，常會覺得這是無法兼顧的難題，但事實並非如此。人們常落入所謂「二十四小時陷阱」的思維：如果我跟同事出去玩，就沒空陪小孩了！也許你那晚沒空陪，但整週那麼長，每週一至兩晚在外頭待晚一點，意思是另外五或六晚你在家，很難說這是失衡。因此如果同事提議下班後去喝一杯，偶一為之也不錯。你不必每晚都去（而且誰會天天去喝？）但有時願意一起去，別人之後會再問你要不要跟；如果每次詢問都被你回絕，久而久之就不會再問了。

上班時間也有很多機會。如果你要跟同事一對一討論事情，不妨提議去咖啡廳或散個步。地點改變，心態也會變，讓真心交流變得可能。

在為一週的工作事項安排優先順序時，不妨與想認識的同事約一頓午餐或早餐。就連閒聊也可以很用心，我觀察過一些聊天高手，發現他們會透過提問讓對方講愛講的事。他們也許會問對方週末過得如何，然後好好傾聽，不急著高談闊論，就算想把話題引到某些方向，也會小心措辭，清楚展現出理解對方的態度。

這有個啟示：每個人都喜歡說話有人聽。克里斯多福．布雷斯特在工作上發現：「一般來說，大家都很關注自己，在意自己有什麼好處。」當他在牢房訊問嫌犯時，對方才不管他的查案進展如何，只會透露對自己有利的資訊，所以訊問要朝這方向設計。

一項探討開會效率的研究發現，[4]超高效率的會議在剛開始會保留幾分鐘讓大家閒聊，每個人都有機會說出自己覺得重要的事。像這樣列為議程就能有效限制聊天的時間（不會有人抱怨「沒空閒聊」），又能讓大家關係更融洽、緊密，往往也更能發揮創意和效率。如果大家需要搶著說話，還怕被別人嘲諷，很多時間會因此被浪費掉，但如果大家互相信任，就不會有這些問題。信任需要時間，不過把時間花在別人身上很好，非常值得。

## 想建立人脈，不妨每天主動連絡一個人

同事和家人屬於經常見面的對象。至於公司以外的人（甚至是同公司但不同部門的人）則屬於第二個類別：不常見到的對象。我們的大腦通常難以把注意力放在這種對象上，而且這很合理。我們住在洞穴裡的老祖宗如果有一陣子沒見到某個人，對方八成是死了，而不是在遠方工作。

不過這類人際關係仍值得列為優先事項，它涉及了「建立人脈」這個議題。如

果可以我真想廢掉「建立人脈」這說法和背後的交易意義。在正確的理解下，建立人脈不過是建立真實的人際關係，你希望看到對方成功，對方也期望看到你成功。但有些人把建立人脈搞得很惹人厭，若有人在研討會上頻頻觀望有哪些大人物可以攀談，誰會不討厭他呢？不過以個人經驗來說，建立人脈更常見的問題是「不盡力而為」。

許多人沒有主動去物色新工作，所以沒必要花功夫跟公司以外的人碰面。雖然這也無妨，但問題是如今很少有工作能做一輩子。其實，生活無虞的最佳定義是認識很多會這樣對你說的人：「要是你考慮換工作，先來跟我說。」若想如此，前提是別人必須知道你這個人，而且還滿喜歡你的。

值得慶幸的是，建立充足人脈不像你所想像那樣，需要有很多面對面的接觸。我是在家工作的自由工作者，並因此常有意外的驚喜。有些人在過去五年只跟我實際碰面五次左右，但我稱他們為朋友，也相信他們會稱我為朋友。重點在於以偶爾碰面之外的各種方式保持連絡，而這種連絡要成為習慣。

在這方面我聽過最好的建議是「每天主動連絡一個人」。

莫莉．貝克（Molly Beck）是書籍《主動連絡》（*Reach Out*）的作者，[5]她把這稱為「主動連絡習慣」。每週五你在為下一週規畫的時候，列出五個想主動連絡的對象，這可以包括：

- 你以前見過並希望能保持連絡的對象。
- 你最近在某場合遇到並想連繫的對象。
- 朋友和同事認為你該去碰個面的對象。
- 你雖然不認識但覺得很有意思的對象。

對於最後一類需要謹慎，主動寄信去攀附名人，基本上對你跟他們都沒什麼用，但如果你讀到一本很喜歡的書，或是在雜誌、電視上看到某人說了很棒的話，對方可能很樂意收到你的回饋，並且通常會讀信——不過是否回信另當別論。

你可以一次擬出寫給這五個人的信（每封分別構思八至十分鐘），也可以每天早上寫一封。先從問候開始，然後提供某個有用的資訊，可能是對他的建議。如果你想尋求對方的建議，切記答案要是Google搜尋不到的。信可以寫得很簡單。我在二〇一三年成了莫莉主動連絡的目標，她發現我的電子信箱，寫信感謝我轉發了她的部落格（其中提到我的一本書）。整封信件共一百一十字，卻很有效，後來我都會關注她的動態。

她說每天主動連絡不同於一般所謂的建立人脈，「不會花很多時間」。你不用住在大城市附近，「不必找人幫忙帶孩子。只要你有網路連絡方式，明天就能開始。」如果你一年寄出兩百五十封信，對方的回覆率是四成，那就有一百封回信。你進一步跟其中二十位對象交談或碰面，很多現實關係因此建立。她說：「不管怎樣，你必須一步一步來。」莫莉確實靠這招遇到她先生。他們很有系統地進行網路交友，每週至少跟一位新對象碰面，最終遇見彼此，就把其他碰面給停了。

我相信人脈高手可能會嗤之以鼻：每天才連絡一個人？他們已經從每天主動連絡畢業，如今是每天介紹自己的人脈互相認識。如果你有這項技能，那很好，不過我沒有。每個人頭腦的運作方式各異，我不太會想說：「哦，我認識貝絲，她喜歡法國藝術，瑪莉也喜歡。瑪莉要去波士頓，而貝絲就住那裡，所以我該建議她們碰個面。」像我們這種天生沒牽人脈本領的人只能盡力而為，知道有做好過沒做。

這個「有做」可能比我們想的更有用。先前我在部落格上慨嘆沒有多主動連絡建立人脈，結果有人說過去十五年我為許多刊物每週至少寫一篇文章，通常每篇文章至少訪談兩個人，所以我在工作上一年至少主動連絡了一百人，包括專業人士和「大人物」。認識這些人並保持連絡，再次寫關於他們的文章，談大家的書籍和計畫，這其實就是建立人脈，我只是沒有在雞尾酒派對上穿梭而已。

說到這個，**若你容易因社交聚會感到焦慮，我認為「每天主動連絡一人」這習慣是最佳解方**。你知道接下來十天會去連絡十個人，所以能放寬心，不再有壓力急著蒐集十張名片，在派對中沒有非做不可的事，你可以找有趣的對象愉快聊天，內容可能跟工作有關，也許只是得到好餐廳或好書推薦。

## 這樣做，再忙也能跟朋友碰面

朋友與不同部門的同仁一樣，經常被歸類在沒有每週多次碰面的那一類。我談論留時間給朋友的文章，分享數總是特別高，原因大概是友誼最容易在忙碌歲月中淡掉。工作總要做，畢竟得繳房貸。就算你忙到只在洗衣服時跟另一半見面，也能維繫關係。相較之下，留時間給朋友完全是另一回事。如果你覺得工作忙到連孩子都見不太到，也許會覺得無法在週六花兩小時跟久違的朋友碰面，不能花一個週末去外地拜訪友人。不過除非你每晚下班後都泡在酒吧裡三小時，不然大概都能留更多的時間給朋友。好朋友能為你充電，讓你更有幹勁去承擔工作和家庭的責任。

無論是在生活中優先留時間給朋友，或是把朋友和同事確實列進關係目標，總是有一些方法。

**第一，要大。大活動比小活動容易排進優先事項**。就算你再忙，大概都會去參加好友的婚禮，因此如果想見到久違的朋友，不妨舉辦一些重要活動，早一年敲定跟朋友在某個連假碰面，先預訂某個厲害的地方，邀朋友帶伴侶和小孩同行，這樣他們就不會有拋下家人的罪惡感，而且你們的家人也會變成朋友，讓關係更緊密。那天大家聚得開心，愉快地喝酒聊天，於是你們定好下次的聚會，最後每年假期都能自動安排好。

另一個做法：**跟附近的朋友簡單約一下**。一次大聚會可以很有趣，卻也很花功夫，甚至可能感到不值得。每個人都很忙，而且你約的人愈多，安排就愈麻煩。定期聚會則沒這些煩惱，如果讀書會在每月的第一個週四晚上舉行，沒人需要多花心力，只要沒有急事都能空出這一晚，他們的家人（和同事）也都知道。定期聚會還有另一個好處：你會開始期待週四晚上。此外，你知道雖然最近沒怎麼與朋友連絡感情，但下週四會跟朋友碰面，這提醒你自己還是有朋友的。

每次分別約顯然比較容易，但定期碰面仍對友誼有幫助。麥科塔和道格特通常每週一打電話聊天，如果週一沒聊到，週二再試。如果你跟朋友約好每週五一起吃早餐，就不再是希望能跟他碰面，而是確實會碰面。

如果定期碰面行不通，下一招是**結合活動**，這是一種很不錯的多工處理。你選擇需要或想要參加的活動，然後找朋友一起去。我想了想，現在這階段很多跟朋友共度的時間是靠這一招。我有幾個慢跑夥伴，大家會一起聊天撐完路程。你可以跟想常碰面的朋友結伴報名健身課，也可以一同參加定期的義工活動。

通勤也是個機會，你可以有時跟朋友搭同一班公車上班，或是共乘也不錯，只是稍微沒那麼方便。我出差去紐約、聖地牙哥、西雅圖和納許維爾等地，都會跟朋友碰面。我的播客節目也出自結合活動，莎拉和我想到「閒聊事業與工作」這個少見的主題，可以把有趣的花樣化為觀眾想常聽的節目。邀朋友一起做副業或管理公司，自然可以更常碰面，而工作絕對會更有趣。

## 關係也有先後次序，必須取捨

最後，把友誼列為優先事項，這表示你要選擇花時間的對象——這是麥科塔和道格特友誼的一大關鍵。由於各種原因，某些人的生活裡有很多人，例如：跟整個家族的人住得很近、家人在地方上舉足輕重、本身個性外向、因為機緣結識很多人（婚姻或大學球隊）。雖說把時間花在別人身上很好，但時間終究很有限。在拚事業或顧家庭之餘，在生活或工作變動之際，不是所有關係都會延續。這有時很自然，你覺得有些人真的很合得來，有些人有機會一起相處，人際關係就會逐漸變動。

你也會發現有些人實在合不來。多數友誼（及家人關係）能靠著努力經營變好，但有時會感覺不值得花這種功夫。這沒有關係，目標是質而非量，只要知道哪些關係值得投資，即使不易維繫也義無反顧。

再來，目標是全力讓各段關係走下去。這有賴於選擇如何使用時間。雖然俗話說：「新友是銀，老友是金。」但時間有限，自然無法統統兼顧。你能邀新朋友喝咖啡，或是可以邀好朋友喝咖啡。如果老朋友不住附近，你可以把時間挪去跟他講電話。麥科塔說道格特有很多像自己這樣的朋友，而友誼都維繫了非常多年，「她很照料這些友誼」。把時間留給原本就常碰面的朋友很容易，把有限的時間刻意花在不常碰面的朋友身上則不然，後者「需要極高的紀律。就像是寫書與回信的對比：你需要刻意花功夫去設定寫書的時間」。

這種態度也許會讓身邊的友人感到費解，他們可能嫌你不太友善。我原本住在人際多變的紐約，後來搬到大相逕庭的賓州，起先覺得有些人滿冷漠的。確實，有許多人在當地出生長大，與家人及朋友關係緊密，我們很難融入其中。一位也是剛搬過去的媽媽，在兒童遊樂場開玩笑地告訴我，許多當地人傳達的訊息是：「我們五年級時就交到很多朋友了，不需要其他朋友哦！」這態度在外人看來有點封閉，但對關係緊密的他們來說，人到中年還有孩提時代的朋友們在身邊，這是一大樂事。他們知道你跟誰結婚，以什麼為生，小孩聰不聰明。接納新朋友也許會攪亂一池水，帶來一些他們不願承擔的風險。

幸好任何地方總有人樂意讓新朋友加入他們，況且有些人也是初來乍到，可以彼此扶持。當然你也能投資舊友誼，找時間回去和朋友聊天，盡力維繫關係。我們都知道談戀愛需要討論彼此的關係和問題，但對友誼不見得會想到這點。麥科塔認識道格特前就是這樣，「我從沒跟哪位朋友談過彼此的關係。但她和我會談，且會明白地說：『這事對我不行，我們能否談談？』她總是單刀直入，我們聊完就好了，就輕鬆了。」

但如果聊完卻不好也不輕鬆呢？一個難堪的事實是「所有關係都可能結束」。從某個角度來看，所有關係都會結束——至少在這世界結束。然而，我們也可以有比較正面的想法：我們所愛的，都會成為生命的一部分。我們曾共有的快樂仍在回憶中，而回憶能像寶石一般被磨亮，而不是鎖在抽屜裡。現在歸現在，快樂回憶歸快樂回憶。溫德爾．貝里（Wendell Berry）的小說《嘎嘎鴉鳴》（*Jayber Crow*）有一句我很喜歡的話：「知道世界在不斷逝去、失落且無從復回，卻仍去愛世界，這並不是一件可怕的事。不顧一切去愛任何美好事物，都是一種討價還價。」[6]

為避免痛苦而畏縮並無意義，因為痛苦根本無從避免。真正的智慧是接受痛苦的事實，然後依舊去愛。而如果你有愛，也可以讓人知道，這是體認到把時間花在別人身上很好的部分。

我並不是一個熱情澎湃的人，所以對我來說，最真誠的做法是具體去談別人如何為自己的生命增添色彩。我的很多「主動連絡」信件只是在感謝：謝謝孩子的老師教了他們好東西；謝謝某些人寫下讓我反思的文字；謝謝朋友在我真的需要逃離個人工作室時，邀我週三下午去她家喝紅酒。即使在最焦頭爛額的那些年，仍有很多事情值得感謝。生命中的所有人（包括我那四個小傢伙）都帶給我很多，讓我更感覺到時間的價值，擁有又苦又甜的回憶。

## 從別人眼中看見驚奇，重拾生命的喜悅

我試著在過去幾年把握每個製造回憶的機會。我想著「把時間花在別人身上」這概念，思考著應該如何與在乎的人一起創造回憶，並思想自己多年後回頭看時間紀錄會想看到什麼。

我因此在傑斯柏九歲時討論他的聖誕禮物。他很想養貓或狗，但我不確定家中多一個成員能不能照顧得來，所以沒有讓他養。我們的討論有一些選項，他同意了一個替代方案，就是趁二月沒課的幾天去紐約玩三天兩夜。我給他一本旅遊指南，讓他選想玩什麼，而他選了很觀光客的行程。不過也很合理，他本來就不太可能選內行人才知道的爵士酒吧，不太可能選紅到極難訂位的純素早午餐，而我吞下自己

的傲氣，買了帝國大廈樓頂觀景台的票、到自由女神像的船票，以及百老匯音樂劇《獅子王》的門票，另外也預計去中央公園的動物園。

帶九歲男孩出門比帶兩歲寶寶容易，但終究傑斯柏還是個孩子。紐約有超棒的餐廳，但我們一間也吃不了，就連吃披薩也是問題重重，有些店家只賣老饕路線的披薩——加了莫札瑞拉起司和大大的羅勒葉，但他喜歡連鎖店賣的基本款披薩。我很慶幸找到一間連鎖速食店，有賣起司通心粉口味的湯；另外還有一間酒吧鎖定帶小孩來百老匯的家長，有提供兒童菜單，所以我為自己點了精釀啤酒，幫他點了巧克力和雞柳條。

儘管問題不少，這仍是很棒的旅行。我們在帝國大廈的第一〇二樓欣賞日落，哈德遜河和東河上方的天際染成粉紅。隔天我們在渡輪上目瞪口呆地望著紐約天際線。即使在天寒地凍的下午，中央公園仍魅力無窮。來到動物園裡，雪豹就在很近的地方走來走去，平時整天酣睡的小貓熊則在樹下東跑西竄。傑斯柏說想坐馬車，其實我一直都想坐，但生性節儉而找不到花這筆錢的理由，因此樂得趁機同意，母子倆在馬車頂棚下依偎，繞著中央公園，像在過歐姆斯泰德紀念日。車夫說馬兒需要伸展一下腿，於是我們就在光禿禿的樹和摩天大樓下馳騁。我跟傑斯柏一直滿臉笑容，因為在這麼好玩的馬車之旅後，還要去看《獅子王》呢！

晚上我們窩在旅館房間的同一張床上，聊著這精采的一天。我知道幾年後這種事只會在回憶中，那時他應該就快跟我差不多高了。不過現在他只是個好奇的小男孩，興致勃勃地搭渡輪、地鐵、計程車和電梯。我在曼哈頓住過幾年，對紐約的許多事物早已厭倦，但還記得二十三歲的自己是怎麼探索紐約，並且驚喜連連，很多小事物都為那時的我帶來驚奇，像是街角熟食店的藍花。若是白花就算了，但它可是藍花耶！

那兩天，我透過別人的眼睛看見驚奇。我永遠不再是那位二十三歲的女生，部分原因在於我生了傑斯柏和另外幾個孩子。但與孩子在一起，感覺某些喜悅回來了。我不認為能以別種方式重拾這些喜悅，因為它們是源自我愛孩子，與他分享時間的禮物。

結語

# 學習善用時間，從一小步開始

又是七月，在緬因州那個早晨的一年後，另一個完美的夏日：感覺溫暖，但不會太熱，藍天飄著雲絮。我騎著自行車，離費城市中心三十公里出頭，又一次暫時沒事情要做。先前我約了保母來照顧艾力克斯，才能和先生帶三個較大的孩子去紐澤西的泳池派對，後來得知孩子們有些好朋友要早一點去，所以先生比原本預計早好幾小時帶他們過去，我則陪艾力克斯等保母。保母來之後，我發覺他們在紐澤西並不太需要我，所以我可以自由去做想做的事。

我把自行車放在車裡，開到福吉谷的小徑入口，就算騎到倦了，騎到乏了，都沒人等我回去，所以根本不必看時間。這條小徑很平緩，我可以任思緒自在徜徉。

唉！結果思緒老是跑回生活中的麻煩事，一次、一次又一次。

不過這也很合理。想把雜念統統關掉是很困難的事，況且那又是十分辛苦的一週，我三十個小時內在三個州進行了三場演講，下一週還要跑更多地方，而且得趕快決定兩個額外報名游泳課的孩子是否需要另外找人接送——但這些事在自行車上完全無法處理。我畢竟把空閒時間都拿來在斯庫爾基爾河小徑騎了三十公里，為什麼不能享受騎自行車的時光就好？

過去這幾年我忠實地記錄時間，做了很多努力，以期更能意識到時間，並在生活裡加入小探險，替自己所剩的四十萬（左右）小時清掉很多無趣事情。雖然紐澤西的孩子們不需要我，我仍讓保母上工照顧艾力克斯，才能利用此刻投資快樂，試著沿小徑悠遊，延長無事一身輕的感覺。但知道和實行之間永遠有一段落差，有些日子我像是在溪裡跳石頭一般輕鬆容易，有些日子卻像是隔著深淵那樣遙遠。

我成天聽人說：「我知道該怎麼做，但就是沒法。」你讀完這本書之後或許也會有這種感覺，雖然記下想試的東西，但到底該怎麼付諸實行？

這沒有簡單的答案，學習善用時間是段歷程，畢竟沒有人的自行車是直接停在小徑終點。反之，**你的目標該放在今天要把一件小事做得更好，明天再邁出下一步，別嘆息沒有進展，而要留意那一小步，通常那就是實行成功的一刻。**

我在那條小徑就是如此。在思緒翩翩之際，我騎到一處林間空地，小河從旁潺潺流過，思緒驟然停住，我深深感受眼前的野花，感覺靜靜水流的偉大，片刻間什麼也沒想，只有清風吹拂臉上，陽光照著手臂，雀鳥在上方引吭高唱。好美，好美，我感覺這兩個字在腦中盪來盪去。

之後每當我想到這次的自行車之旅，腦中浮現的不是各種雜念，而是這個畫面。忽來的自由驅散一切——至少片刻如此。所有時間都會消逝，但有些時刻超越無止無境的逝去。我們只是需要看見這些時刻，再看見更多時刻。

# 附錄
# 讓你「時間多得不得了」的練習

想要感覺比較不忙卻做了更多事情，這是一段日積月累的歷程。接下來幾頁會提出各種練習和問題，協助你分析時間，藉此把時間運用得更好，感覺也會更好。

若想善用時間，第一步是了解自己的時間花在哪。後面幾頁是我記錄時間的表格範例，到網站「LauraVanderkam.com」填訂閱表單，可以收到Excel或ＰＤＦ檔。

每天抽些時間寫下你在做的事，可以寫得很簡略：工作、睡覺、跟另一半出去、開車、採買雜貨等。重點是有全盤的認識，而非記下每分每秒。

若時間的某類用法讓你格外擔憂（或自豪），可以更密切留意。能記錄整週是最好，不過就算只記幾天也會有幫助。記錄要包含兩個工作的日子和一個放假的日子，謹記：每一週都不太一樣！

| 星期四 | 星期五 | 星期六 | 星期日 |
|---|---|---|---|
| | | | |
| | | | |
| | | | |
| | | | |
| | | | |
| | | | |
| | | | |
| | | | |
| | | | |
| | | | |
| | | | |
| | | | |
| | | | |
| | | | |
| | | | |
| | | | |
| | | | |
| | | | |
| | | | |
| | | | |
| | | | |
| | | | |
| | | | |
| | | | |

| | 星期一 | 星期二 | 星期三 |
|---|---|---|---|
| 5 A.M. | | | |
| 5:30 | | | |
| 6:00 | | | |
| 6:30 | | | |
| 7:00 | | | |
| 7:30 | | | |
| 8:00 | | | |
| 8:30 | | | |
| 9:00 | | | |
| 9:30 | | | |
| 10:00 | | | |
| 10:30 | | | |
| 11:00 | | | |
| 11:30 | | | |
| 12 P.M. | | | |
| 12:30 | | | |
| 1:00 | | | |
| 1:30 | | | |
| 2:00 | | | |
| 2:30 | | | |
| 3:00 | | | |
| 3:30 | | | |
| 4:00 | | | |
| 4:30 | | | |

（接下頁）

（接上頁）

| 星期四 | 星期五 | 星期六 | 星期日 |
|---|---|---|---|
| | | | |
| | | | |
| | | | |
| | | | |
| | | | |
| | | | |
| | | | |
| | | | |
| | | | |
| | | | |
| | | | |
| | | | |
| | | | |
| | | | |
| | | | |
| | | | |
| | | | |
| | | | |
| | | | |
| | | | |
| | | | |
| | | | |
| | | | |
| | | | |

| | 星期一 | 星期二 | 星期三 |
|---|---|---|---|
| 5 P.M. | | | |
| 5:30 | | | |
| 6:00 | | | |
| 6:30 | | | |
| 7:00 | | | |
| 7:30 | | | |
| 8:00 | | | |
| 8:30 | | | |
| 9:00 | | | |
| 9:30 | | | |
| 10:00 | | | |
| 10:30 | | | |
| 11:00 | | | |
| 11:30 | | | |
| 12 A.M. | | | |
| 12:30 | | | |
| 1:00 | | | |
| 1:30 | | | |
| 2:00 | | | |
| 2:30 | | | |
| 3:00 | | | |
| 3:30 | | | |
| 4:00 | | | |
| 4:30 | | | |

## 照料時間花園

在記錄時間之後，回頭檢視行程表，問自己幾個問題：

- 我喜歡行程表中的什麼地方？
- 我想多花點時間做些什麼？
- 我想少花點時間做些什麼？
- 我要怎麼做才能辦到？

預先檢視一天或一週的計畫，這種做法會讓人更可能把時間花在有意義、有意思的事情上。

思考你的「務實的理想日子」。在現有生活的架構下，對你來說「務實的理想日子」是什麼樣子？那「務實的理想一週」呢？

用週五的下午檢視未來一週，列出一份包含三大分類的優先事項清單：工作、關係、個人。每個分類應該有哪二至三個事項？該花哪些時間去做？

接著為每一天設定目標。如果今天只做三件事，選擇哪三件事會讓你覺得自己做了很多？

## 讓人生值得回味

今天為什麼跟別天不同？明天為什麼跟別天不同？

列出你想進行的小探險，可以很大（來趟巴黎之旅），也能很小（去試試對面剛開幕的新餐廳），任何浮上心頭的點子都行。接下來幾天多讀幾遍這份清單，看有沒有要再加入什麼。如果你腦力激盪出很多相關的小探險，不妨把它們整合成一個計畫（例如：造訪加州所有的國家公園）。

花些時間喚起記憶。拿出舊相簿來看，聽人生某段時期對你很重要的歌，在充滿回憶的地方駐足，寫下心頭湧出的往事或與別人分享。現在，你對時間的感覺是否有什麼改變呢？

## 別把時間表塞滿

檢視目前占掉時間的活動和事務。如果先將行程表清空，你打算把哪些事加進來？剩下的事在未來幾個月能否推掉？如果推不掉，要怎麼盡量減少所花的時間？你常做哪些活動？想一想可以如何精簡花在某些活動上的時間，讓你的行程表更有餘裕？

為獲得時間股利感到開心。檢視你的生活，哪些事情你現在做得比以前快或省下更多時間？把它們寫下來，之後若覺得自己做事缺乏效能，可以拿出來複習。

把手機設為飛航模式，試試看自己能撐多久。特別留意生活裡的等待時間，還有平日上床睡覺前的時間，如果不碰社群媒體，這些時間能拿來做些什麼？

## 悠遊，讓生活不匆忙

看看行程表上有哪些愉快的事（例如：能賞日落的海灘假期、期待已久的老友聚餐），提早思考你可以怎麼細品並延長這些時刻。

你能跟別人表達自己有多樂在其中嗎？你能清楚記住畫面、聲音或氣味等細節嗎？你能盡量磨利注意力嗎？你能提醒自己等這一刻等了多久嗎？你能想像未來的自己如何向別人描述這一刻嗎？

至於日常生活，你可以靠著對比讓自己更享受當下。你能否想像未來某個悲慘時刻，那時會多懷念現在的生活？讓思緒暫時飄到未來，接著睜開眼睛，對現在的例行事務是否有不同感受？

此外，你要設法創造平日的迷你假期。你能不能在日常花幾分鐘有意識地細品一些事物？像是上班時聞一聞路邊的花香、在地鐵上讀很棒的書、看老照片細細回味過往。給自己一個挑戰：我要怎麼獲得最多的快樂？

## 以三種資源投資快樂

檢視你的時間紀錄有哪些問題。何時你會巴不得時間趕快過去？該怎麼做才能減少這種時刻？

你最喜歡哪種犒賞？你能更常犒賞自己嗎？

哪些活動最令你快樂？你能不能先把這些活動排進行程表，也許排在早上，或是排在一週的開始。

## 放掉不切實際的期望

留意有什麼事物占據你心頭很大的空間。你一直在想哪些事情？那些加諸自我的期望對你有什麼影響？

你能在哪些適當的方面降低標準？你想建立哪些好習慣？你必須把自己的期望調到多低，才能每天不抗拒地做到這些習慣？比方說，想運動的人可以設定每天運動十分鐘，想寫小說的人可以設定每天寫作兩百字。

想一想「對自己好一點」代表什麼意思？

## 把時間花在別人身上

你想把更多時間投資在哪些關係上？

哪些活動能增加你跟親近的人的相處時間？

你可以每天主動連絡一個人來逐步建立廣闊人脈。這一週你想主動連絡哪五個人？

# 致謝

我很感謝所有幫助我寫出這本的人。

感謝利亞・卓伯斯特，也感謝Portfolio出版社的團隊，你們讓又一本書從空有點子到開花結果。感謝艾蜜莉・史都華作家經紀公司的艾蜜莉・史都華替我提出了這本書的出版計畫。

感謝亞丁・諾德斯特龍幫忙設計出這本書中的時間紀錄研究，協助分析工作。格外感謝填答者在百忙之中花時間完成作答，還願意分享自己的生活點滴。

感謝南西・席德與相關團隊協助行銷這本書，以及我的前一本書。

感謝莎拉・哈特杭格抽空和我一起主持播客節目《兩個世界的精華》，感謝有聲建議行銷公司的菲利斯・尼可斯協助節目製作。

感謝凱瑟琳・雷諾斯在過去幾年對我的督促。

感謝來看我部落格的讀者，感謝來聽我演講的觀眾，你們替時間管理的實際運用提出很多意見回饋，非常寶貴。

談到我自己的時間管理，很感謝蓋碧琳、傑斯、爸媽和婆婆，你們在帶孩子與家務上給了很多協助。感謝麥可、傑斯柏、山姆、盧絲和艾力克斯，這個家有了你們，變得更加美好。

# 注解

## 前言

1 Newport, Frank Newport, "Americans' Perceived Time Crunch No Worse Than In Past," Gallup News, December 31, 2015, http://news.gallup.com/poll/187982/americans-perceived-time-crunch-no-worse-past.aspx

2 For one analysis of systematic biases in time estimation, compared with studies looking at "yesterday," see John P. Robinson and Geoffrey Godbey, *Time for Life: The Surprising Ways Americans Use Their Time*. (University Park, PA: The Pennsylvania State University Press, 1997).

3 "Ancient as the hills," *The economist*, April 29,2017,74.

4 *Health, United States*, 2016, a publication of the U.S. Department of Health and Human Services. For an approximation of my at-65 life expectancy (using 1980), see table 15: https://www.cdc.gov/nchs/data/hus/hus16.pdf#015

5 E.J. Langer and J. Rodin, "The Effects of Choice and Enhanced Personal Responsibility for the Aged: A Field Experiment in an Institutional Setting," *Journal of Personality and Social Psychology* 34, no. 2 (August 1976):191-98, www.ncbi.nlm.nih.gov/pubmed/1011073

## 第1章

1 "New York Society Girl a Landscape Architect,"*New York Daily Tribune*, February II, 1990, as cited in *Beatrix Jones Farrand: Fifty Years of American Landscape Architecture* (Washington, D.C.: Dumbarton Oaks, Trustees for Harvard University, 1982).

2 John P. Robinson et al., "The Overestimated Workweek Revisited," Monthly Labor Review(Bureau of Labor Statistics), June 2011, www.bls.gov/opub/mlr/2011/06/art3full.pdf.

3 American Time Use Survey, Table 8B, "Time Spent in Primary Activities for the Civilian Population 18 Years and Over by Presence and Age of Youngest Household Child and Sex, 2016 Annual Averages, Employed," Bureau of Labor Statistics, www.bls.gov/news release/atus.to8b.htm. For employed women with at least one child under the age of six, the daily average is 1.93 hours on "household activities" and o.73 hours on "purchasing goods and services." Adding and multiplying for a seven-day week gives us 18.62 hours.

4 Figures are from the Central Park Conservancy website's "Park History," www centralparknyc.org/visit/park-history.html

5 Heather Hogan, "JK Rowling Tells Oprah: Harry Is Still in My Head. I Could Definitely Write an Eighth, a Ninth Book,' October 1, 2010, AfterEllen.com, www.afterellen.com/people/79725-jk-rowling-tells-oprah-harry-is-still-in-my-head-i-could definitely-write-an-eighth-a-ninth-book

## 第2章

1 Davachi's TED Talk is available at www.youtube.com/watch?v=zUqs3y9ucaU. Quotes are from both the talk and an interview with Davachi.

2 All quotes from William James, *The Principles of Psychology, Volume I* (New York: Dover

Publications, Inc., 1950 [first published by Henry Holt and Company, 1890]).

3 All quotes are from Robert Grudin, *Time and the Art of Living* (New York: Harper&Row, 1981).

4 Joseph E. Dunsmoor et al.," Emotional Learning Selectively and Retroactively Strengthens Memories for Related Events," *Nature* 520 (April 16, 2015): 345-48,www.nature.com/articles/nature14106?foxtrotcallback=true

## 第3章

1 Ken Blanchard, PhD, and Spencer Johnson, MD, *The New One Minute Manager* (New York: William Morrow, 2015).

2 All quotes from Edith Wharton, *Twilight Sleep* (originally published 1927, many editions currently available).

3 Marie Kondo, *The Life-Changing Magic of Tidying Up: The Japanese Art of Decluttering and Organizing* (Berkeley, CA: Ten Speed Press, 2014), 41.

4 Mediakix, "How Much Time Do We Spend on Social Media?" http:/mediakix.com/2016/12/how-much-time-is-spent-on-social-media-lifetime/#gs.=JFYHY4.

5 Kostadin Kushlev and Elizabeth W. Dunn, "Checking Email Less Frequently Reduces Stress," *Computers in Human Behavior* 43 (February 2015): 220-28.

6 Mary Oliver, "The Sum- mer Day," *The House of Light* (Boston: Beacon Press, 1990).

## 第4章

1 Gretchen Rubin, *The Four Tendencies: The Indispensable Personality Profiles That Reveal How to Make Your Life Better (and Other People's Lives Better Too)* (New York: Harmony, 2017).

2 John M. Darley and C. Daniel Batson, "From Jerusalem to Jericho: A Study of Situational and Dispositional Variables in Helping Behavior," *Journal of Personality and Social Psychology* 27, no. 1 (1973): 100-108.

3 Virginia Woolf, *To the Lighthouse* (New York: Harcourt Brace and Company, 1927), 111.

4 See Appendix D of Fred B. Bryant and Joseph Veroff, *Savoring: A New Model of Positive Experience* (Mahwah, NJ: Lawrence Erlbaum Associates, 2007).

5 Ibid.

6 Meik Wiking, *The Little Book of Hygge: Danish Secrets to Happy Living* (New York: William Morrow, 2017).


## 第5章


1 For one discussion of subjective well-being, see Daniel Kahneman and Alan B. Krueger, "Developments in the Measurement of Subjective Well-being." *Journal of Economic Perspectives* 20, no. 1 (Winter 2006): 3-24, https://pubs.aeaweb.org/doi/pdfplus/10.1257/089533006776526030.

2 For a list of Amelia Boone's awards, see www.ameliabooneracing.com/raceschedule.html.


## 第6章


1 Thomas Byrom, "Desire," *The Dhammapada: The Sayings of the Buddha* (New York: Vintage, 2012), https://books.google.com/books?isbn=0307950719.

2 Laura Vanderkam, "The Surprising Scientific Link Between Happiness and Decision Making," *Fast Company*, August 23, 2016, www.fastcompany.com/3063066/the-science-backed-way-to-be-

happier-by-making-better-choices.
3 Joseph Epstein, *Envy*, The Seven Deadly Sins (New York: Oxford University Press, 2003), 1.
4 Alain de Botton, "Why You Will Marry the Wrong Person," *New York Times*, May 28, 2016, www.nytimes.com/2016/05/29/opinion/sunday/why-you-will-marry-the-wrong-person.html.
5 For my original write-up of my father's Hebrew reading streak, please see Laura Vanderkam, "The Secrets of People Who Manage to Stick to Habit Changes," *Fast Company*, July 12, 2016, www.fastcompany.com/3061665/the-secrets -of-people-who-manage-to-stick-to-habit-changes.
6 Ernest Hemingway, *A Moveable Feast* (New York Scribner, 1964), 12.

## 第7章

1 Please see Laura Vanderkam, "How to Be a Better Friend, Even When You're Busy," *Fast Company*, www.fastcompany.com/3057746/how-to-be-a-better-friend-even-when-youre-busy.
2 All quotes from Kahlil Gibran, *The Prophet* (New York: Alfred A. Knopf, 1923).
3 A number of studies have looked at this phenomenon. For a summary of such research, please see Katherine Harmon, "Social Ties Boost Survival by 50 Percent," *Scientific American*, July 28, 2010, www.scientificamerican.com/article/relationships-boost-survival.
4 Please see Kathryn Parker Boudett and Elizabeth A. City, *Meeting Wise: Making the Most of Collaborative Time for Educators* (Cambridge, MA: Harvard Education Press, 2014).
5 Molly Beck, *Reach Out: The Simple Strategy You Need to Expand Your Network and Increase Your Influence* (New York: McGraw-Hill, 2017).
6 Wendell Berry, *Jayber Crow* (Berkeley, CA: Counterpoint, 2000), 329.

翻轉學　翻轉學系列 010

# 要忙，就忙得有意義

## 在時間永遠不夠，事情永遠做不完的年代，選擇忙什麼，比忙完所有事更重要

## Off the Clock: Feel Less Busy While Getting More Done

作　　者　蘿拉．范德康（Laura Vanderkam）
譯　　者　林力敏
總 編 輯　何玉美
主　　編　林俊安
封面設計　亞樂設計有限公司
內頁排版　洸譜創意設計股份有限公司

出版發行　采實文化事業股份有限公司
行銷企劃　陳佩宜．黃于庭．馮羿勳
業務發行　張世明．林踏欣．林坤蓉．王貞玉
國際版權　王俐雯．林冠妤
印務採購　曾玉霞
會計行政　王雅蕙．李韶婉
法律顧問　第一國際法律事務所　余淑杏律師
電子信箱　acme@acmebook.com.tw
采實官網　www.acmebook.com.tw
采實臉書　www.facebook.com/acmebook01

I S B N　978-957-8950-77-1
定　　價　320 元
初版一刷　2019 年 3 月
劃撥帳號　50148859
劃撥戶名　采實文化事業股份有限公司
104 台北市中山區南京東路二段 95 號 9 樓
電話：(02)2511-9798　傳真：(02)2571-3298

國家圖書館出版品預行編目資料

要忙，就忙得有意義 : 在時間永遠不夠，事情永遠做不完的年代，選擇忙什麼，比忙完所有事更重要 / 蘿拉 . 范德康 (Laura Vanderkam) 著 ; 林力敏譯 . -- 初版 . -- 台北市 : 采實文化 , 2019.03
256 面 ; 14.8x21 公分
譯自：Off the clock : feel less busy while getting more done

ISBN 978-957-8950-77-1( 平裝 )

1. 時間管理　2. 工作效率

494.01　　107020292